中等职业教育机电技术应用专业系列教材

公差配合
与量具使用

（第二版）

总主编 李昌春

主 编 张 灿 游树强

重庆大学出版社

内 容 提 要

本书根据《公差配合与技术测量基础教学大纲》编写,供中等职业技术学校机电类专业使用。其主要内容包括:孔、轴与形位公差配合及其标注,表面粗糙度的评定与标注,常见量具的测量工作原理和使用方法等6个部分,以教给学生正确使用量具的具体方法。

本书内容丰富,图文并茂,通俗易懂,实用性强,既可作为中等职业技术学校、高职高专机电类专业使用的教材,也可供从事机电设计、制造的技术人员、工人学习参考。

图书在版编目(CIP)数据

公差配合与量具使用/张灿,游树强主编.—重庆:重庆大学出版社,2010.8(2023.8重印)
(中等职业教育机电技术应用专业系列教材)
ISBN 978-7-5624-5543-1

Ⅰ.①公… Ⅱ.①张… ②游… Ⅲ.①公差—配合—专业学校—教材②量具—使用—专业学校—教材
Ⅳ.①TG8

中国版本图书馆 CIP 数据核字(2010)第 138780 号

公差配合与量具使用
(第二版)

总主编 李昌春
主 编 张 灿 游树强
策划编辑:曾显跃

责任编辑:文 鹏 乔丽英 版式设计:曾显跃
责任校对:贾 梅 责任印制:张 策

*

重庆大学出版社出版发行
出版人:陈晓阳
社址:重庆市沙坪坝区大学城西路 21 号
邮编:401331
电话:(023) 88617190 88617185(中小学)
传真:(023) 88617186 88617166
网址:http://www.cqup.com.cn
邮箱:fxk@ cqup.com.cn(营销中心)
全国新华书店经销
POD:重庆市圣立印刷有限公司

*

开本:787mm×1092mm 1/16 印张:7.75 字数:193 千
2018 年 9 月第 2 版 2023 年 8 月第 4 次印刷
ISBN 978-7-5624-5543-1 定价:21.00 元

前　言

本书根据中等职业学校机电类专业的特点,以能识读机械图样中的公差与配合为目的,紧密联系产品计量领域,将中职学生可能用到的测量仪器有机结合。为此,在编写本书时,用"以行动为导向""任务引领""项目驱动"等教学方法,力求使学生在完成相应的"工作任务"中实现"做学合一"的效果。

本书内容主要包括:孔、轴与形位公差配合及其标注,表面粗糙度的评定与标注,常见量具的测量工作原理和使用方法等6个部分。在内容编写上力求适应中等职业学校的教学与课程设置要求,做到语言通俗,介绍详细。为了加强课堂教学效果,加强学生对课程的理解,在每个项目之后设置了巩固与练习。

根据中等职业学校机电类的教学要求,本课程教学共需90课时左右。各项目参考课时见下表:

内　容	项目1	项目2	项目3	项目4	项目5	项目6
课　时	4	15	8	20	15	28

由于编者编写水平有限,本书难免存在缺点和不妥之处,恳请广大同行、读者批评指正。

编　者

2018 年 6 月

目　录

项目1　绪　论 ……………………………………………………………………… 1
　　课题1　互换性的概念 …………………………………………………………… 1
　　课题2　几何量的误差 …………………………………………………………… 2
　　课题3　互换性与标准化 ………………………………………………………… 3
项目2　孔和轴的公差与配合 …………………………………………………… 6
　　课题1　概述 ……………………………………………………………………… 6
　　课题2　尺寸与公差的基本术语 ………………………………………………… 7
　　课题3　配合的基本术语 ………………………………………………………… 12
项目3　新国标的两大系列 …………………………………………………… 16
　　课题1　标准公差系列 …………………………………………………………… 16
　　课题2　基本偏差系列 …………………………………………………………… 18
项目4　形状和位置公差 ………………………………………………………… 27
　　课题1　形位误差和公差与符号 ………………………………………………… 27
　　课题2　形位误差和公差与公差带 ……………………………………………… 30
　　课题3　形位公差标注 …………………………………………………………… 52
项目5　表面粗糙度 ………………………………………………………………… 61
　　课题1　表面粗糙度的定义和影响 ……………………………………………… 61
　　课题2　表面粗糙度的评定 ……………………………………………………… 62
　　课题3　表面粗糙度的选择与标注 ……………………………………………… 66
项目6　量具使用 …………………………………………………………………… 77
　　课题1　测量与计量器具 ………………………………………………………… 77
　　课题2　钢直尺、内外卡钳和塞尺 ……………………………………………… 80
　　课题3　量块 ……………………………………………………………………… 87
　　课题4　游标类测量工具 ………………………………………………………… 90
　　课题5　千分尺类测量工具 ……………………………………………………… 95
　　课题6　机械测量仪表 …………………………………………………………… 100
　　课题7　角度类测量工具 ………………………………………………………… 105
　　课题8　光滑极限量规 …………………………………………………………… 111
参考文献 ……………………………………………………………………………… 116

项目 1   绪   论

项目内容　1)互换性概述;
　　　　　　　2)互换性与技术测量;
　　　　　　　3)互换性与标准化。

项目目标　1)了解互换性的概念;
　　　　　　　2)理解互换性的作用。

项目实施过程

课题 1   互换性的概念

知识目标

1)了解互换性的含义;

2)知道互换性的分类。

技能目标

能从生活中找到互换性的实例。

实例引入

小明家的灯泡坏了,他妈妈叫他去买一个。小明问买哪个厂家的,哪种型号的,哪个品牌的? 由此引入互换性的概念。

课题完成过程

一、互换性的概念

机械工业中,互换性是指制成的同一规格的一批零件或部件,不需作任何挑选、调整或辅助加工(如钳工修配),就能进行装配,并能满足机械产品的使用性能要求的一种特性。具有这种特性的零(部)件,称为具有互换性的零(部)件。能够保证零(部)件具有互换性的生产,称为遵循互换性原则的生产。例如:一批螺纹标记为 M10-6H 的螺母,如果都能与 M10-6g 的螺栓自由旋合,并且满足设计的连接强度要求,则这批螺母就具有互换性。又如车床上的主轴轴承,磨损到一定程度后会影响车床的使用,在这种情况下,我们换上代号相同的另一个轴承,主轴就能恢复到原来的精度而达到满足使用性能的要求,这里轴承作为一个部件而具有互换性。

在日常生活中,互换性的例子也是很多的。如:日光灯的启辉器坏了,灯管不能发光,换上一个相同规格的启辉器,灯管就能正常启动发光。

二、互换性的作用

(1)使用过程:方便替换,缩短维修时间和节约费用 。

(2)生产制造:专业化协调生产,提高产品质量和生产效率。

(3)装配过程:缩短装配时间,提高效率。

(4)产品设计:简化绘图、计算,加速产品更新换代。

三、互换性的分类

1. 完全互换

2. 不完全互换

若零件在装配或更换时,不作任何选择,不需调整或修配,就能满足预定的使用要求,则其互换性为完全互换性,也称为绝对互换性。不完全互换性,就是在装配前允许有附加的选择,装配时允许有附加的调整但不允许修配,装配后能满足预期的使用要求。

课题2 几何量的误差

知识目标

1)了解误差的分类;

2)理解公差的含义。

技能目标

能从图纸上认识公差符号。

实例引入

在实际加工后,零件存在以下误差:

(1)尺寸、形状误差,如图1.1所示。

(2)位置误差,如图1.2所示。

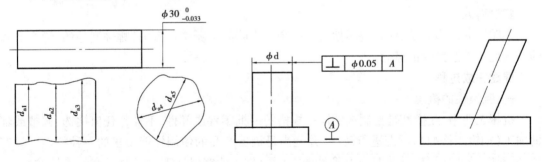

图1.1   图1.2

(3)表面粗糙度,如图1.3所示。

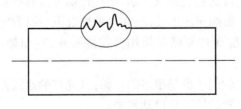

图1.3

课题完成过程

要保证零件具有互换性,就必须保证零件的几何参数的准确性。但是,零件在加工的过程中,由于机床精度、讲师计量器具精度、操作工人技术水平及生产环境等诸多因素的影响,其加工后得到的几何参数会不可避免地偏离设计时的理想要求,因而产生误差,这种误差称为零件的几何量误差。几何量误差主要包含尺寸误差、形状误差、位置误差和表面微观形状误差及表面粗糙度等。

为了控制几何量误差,提出了公差的概念。

一、加工误差与公差

1.加工误差

加工误差的分类如下:

①尺寸误差;

②宏观几何形状误差;

③相互位置误差;

④表面粗糙度。

2.公差

①定义:控制几何参数的技术规定就称"公差",即为实际参数值所允许的最大变动量。

②加工误差与公差的区别与联系。

区别:误差在加工过程中产生,公差由设计人员确定。

联系:公差是误差的最大允许值。

二、技术测量

技术测量是实现互换性的技术保证。

1.统一计量单位

2.计量器具的发展

课题 3　互换性与标准化

知识目标

1)了解公差标准的意义;

2)互换性与标准化的联系。

技能目标

能说出公差标准的发展。

实例引入

既然用几何参数的公差来控制几何量误差的大小,那么就必须确定几何量公差的大小及对零件几何参数的相关要求,也就是说要制定公差标准。公差标准是一种技术标准。

在现代化生产中,标准化是一项重要的技术措施。一种产品的制造,往往涉及许多部门和企业,为了适应各个部门与企业之间在技术上相互协调的要求,必须有一个共同的技术标准,使独立、分散的部门和企业之间保持必要的技术统一,使相互联系的生产过程形成一个有机的整体,以保证互换生产的实现。所以标准是保证互换性的基础,标准化是实现互换性生产的基础。

课题完成过程

一、标准

公差标准在工业革命中起过非常重要的作用。

国际：

(1)1902 年颁布了全世界第一个公差与配合标准(极限表)；

(2)1924 年英国在全世界颁布了最早的国家标准 B. S 164—1924,紧随其后的是美国、德国、法国；

(3)1929 年苏联也颁布了"公差与配合"标准；

(4)1926 年成立了国际标准化协会(ISA),1940 年正式颁布了国际"公差与配合"标准, 1947 年将 ISA 更名为 ISO(国际标准化组织)。

国内：

(1)1959 年我国正式颁布了第一个《公差与配合》国家标准(GB 159～174—1959)；

(2)1979 年以来对旧的基础标准进行了两次修订:一次是 20 世纪 80 年代初期,(GB 1800～1804—1979、GB 1182～1184—1980、GB 1031—1983)；另一次是 20 世纪 90 年代中期(GB/T 1800.1—1997,GB/T 1182—1996,GB/T 1031—1995)。

二、标准化

1)为了实现互换性,必须对公差值进行标准化,不能各行其是,标准化是实现互换性生产的重要技术措施。

2)对零件的加工误差及其控制范围所制订的技术标准称"极限与配合"标准,它是实现互换性的基础。

三、课程的研究对象与任务

性质:技术基础课。互换性属于标准化的范围,而技术测量属于计量学,本课程就是将理论和实践紧密结合的学科。

特点:定义多,概念多,符号多,标准多,记忆内容多,但简单,易学。

重要性:承上启下。

巩固与练习

一、判断题(正确的打"√",错误的打"×")

(1)公差值可以等于零。   (   )

(2)公差是允许零件的最大偏差。   (   )

(3)因为零件要互换,所以几何参数必须加工得绝对精确。   (   )

二、填空题

(1)互换按其互换性可分为＿＿＿＿＿＿互换和＿＿＿＿＿＿互换。

(2)零件在加工过程中,要求把几何参数加工得绝对精确是＿＿＿＿＿＿。

(3)加工后的零件实际尺寸与理想尺寸之差,称为＿＿＿＿＿＿。

(4)当装配精度要求很高时,若采用＿＿＿＿＿＿将使零件的尺寸公差很小,加工＿＿＿＿＿＿,成本＿＿＿＿＿＿,甚至无法加工。

(5)制造技术水平提高,可以减小＿＿＿＿＿＿,但永远不可能＿＿＿＿＿＿。

三、简答题

(1)什么是互换性？它对现代工业生产有何重要意义？

(2)生产中常用的互换性有几种？采用不完全互换的条件和意义是什么？

(3)什么是公差与配合制？它包括哪些内容？

(4)建立公差与配合标准有何重要意义？

项目 2　孔和轴的公差与配合

项目内容　1）概述；

2）尺寸与公差的基本术语；

3）配合的基本术语。

项目目标　1）了解尺寸和公差的基本术语；

2）了解配合的基本术语。

项目实施过程

课题 1　概述

知识目标

了解孔和轴的广义含义。

技能目标

能识别广义的孔和轴。

实例引入

孔和轴的意义是什么？

课题完成过程

一、《极限与配合》的标准

公差与配合是机械工程方面重要的基础标准,不仅用于孔和轴之间的结合,也用于其他由单一尺寸确定的结合。零件加工过程中,由于各种因素的影响,如机床、刀具、工艺系统刚性等原因,完工后的零件尺寸、形状、表面粗糙度以及相互位置等总会产生一定的误差,完工后的零件要满足互换性要求,就必须在设计与制造时执行公差与配合方面的国家标准。

公差与配合的标准化有利于机器的设计、制造和使用,在机械工程建设方面起着重要的作用。公差与配合的标准化不仅能保证零部件互换性能的配合质量,而且能促进刀具、量具设计、制作、检测的标准化,有利于专业化生产。

为适应科学技术发展和促进国际贸易,经国家技术监督局批准,我国颁布了公差与配合标准《极限与配合》(GB/T 1800.1—1997)、(GB/T 1800.2～GB/T 1800.3—1998)、(GB/T 1804—1991),取代了 1979 年颁布的旧的国家标准(GB 1800～GB 1804—1979)中相应内容,这些新标准的依据是国际标准,其目的是争取尽快和国际标准接轨。

二、极限与配合的基本内容

(1)孔

孔通常指工件的圆柱形内表面,也包括非圆柱形内表面(由两平行平面或切面形成的包容面)。

（2）轴

轴通常指工件的圆柱形外表面，也包括非圆柱形外表面（由两平行平面或切面形成的被包容面）。

从装配过程来看，圆柱形的孔、轴结合，孔为包容面，轴为被包容面。非圆柱形的内表面，如键槽的槽宽属于两平行平面形成的内表面，视为孔；非圆柱形的外表面，如键的宽度属于两平行平面形成的外表面，视为轴；键槽与键宽的结合也属于包容面与被包容面的结合关系，是广义的孔和轴。使具有被包容面的工件可采用轴的公差带，具有包容面的工件可采用孔的公差带。从而确定了工件的公差与配合之间的关系。

从加工过程来看，随着加工过程的深入，孔的尺寸越来越大，轴的尺寸越来越小，如图2.1所示。

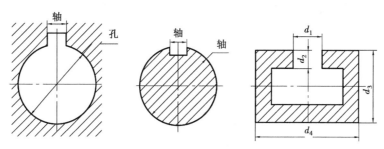

图 2.1　孔和轴的示意图

课题 2　尺寸与公差的基本术语

知识目标

1）了解尺寸的术语和定义；

2）理解公差与偏差的术语及其定义。

技能目标

1）能根据尺寸标注计算最大极限尺寸和最小极限尺寸；

2）能根据尺寸标注计算上偏差和下偏差。

实例引入

零件图上尺寸标注的含义需要弄清楚。

课题完成过程

一、尺寸的术语和定义

1. 尺寸

用特定单位表示线性尺寸值的数值称为尺寸。在机械零件中，线性尺寸值包括直径、半径、宽度、深度、高度和中心距等，在机械制图中，图样上的尺寸通常以 mm 为单位，如以此为单位时，可省略单位的标注，仅标注数值。

2. 基本尺寸（D，d）

标准规定：通过它应用上、下偏差可算出极限尺寸的尺寸称为基本尺寸。孔的基本尺寸用"D"表；轴的基本尺寸用"d"表示（标准规定：大写字母表示孔的有关代号，小写字母表示轴的有关代号,下同)。

3.实际尺寸(D_a,d_a)

通过测量获得的某一孔、轴的尺寸称为实际尺寸。由于测量过程中不可避免地存在测量误差,因此所得的实际尺寸并非尺寸的真值。

4.极限尺寸

一个孔或轴允许的尺寸的两个极端称为极限尺寸,实际尺寸应位于极限尺寸之中,也可达到极限尺寸。孔或轴允许的最大尺寸称为最大极限尺寸,孔或轴允许的最小尺寸称为最小极限尺寸,如图2.2所示。

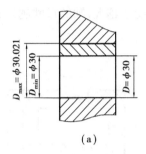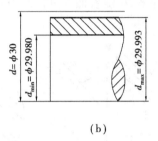

（a） （b）

图2.2 极限尺寸

（a)孔的极限尺寸 （b)轴的极限尺寸

孔的基本尺寸(D) = $\phi 30$ mm

孔的最大极限尺寸($D_{\max}$) = $\phi 30.021$ mm

孔的最小极限尺寸($D_{\min}$) = $\phi 30$ mm

轴的基本尺寸(d) = $\phi 30$ mm

轴的最大极限尺寸($d_{\max}$) = $\phi 29.993$ mm

轴的最小极限尺寸($d_{\min}$) = $\phi 29.980$ mm

二、公差与偏差的术语及其定义

1.偏差

某一尺寸(实际尺寸、极限尺寸等)减其基本尺寸所得的代数差称为偏差。

偏差有以下几种:

(1)极限偏差

极限尺寸减其基本尺寸所得的代数差称为极限偏差。

由于极限尺寸有最大极限尺寸和最小极限尺寸之分,因此极限偏差有上偏差和下偏差之分,如图2.3所示。

上偏差:最大极限尺寸减其基本尺寸所得的代数差称为上偏差。孔的上偏差用 ES 表示,轴的上偏差用 es 表示。用公式可表示为

$$ES = D_{\max} - D$$

$$es = d_{\max} - d \tag{2.1a}$$

下偏差:最小极限尺寸减其基本尺寸所得的代数差称为下偏差。孔的下偏差用 EI 表示,轴的下偏差用 ei 表示。用公式可表示为

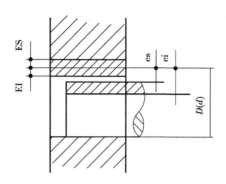

图 2.3　极限偏差

$$EI = D_{\min} - D$$

$$ei = d_{\min} - d \qquad (2.1b)$$

由于极限偏差是用代数差来定义的,而极限尺寸可能大于、小于或等于基本尺寸,所以极限偏差可以为正值、负值或零值,因此在计算和使用中一定要注意极限偏差的正、负号,不能遗漏。

国标规定:在图样上和技术文件上标注极限偏差数值时,上偏差标在基本尺寸的右上角,下偏差标在基本尺寸的右下角。特别要注意的是当偏差为零值时,必须在相应的位置上标注"0",而不能省略。当上、下偏差数值相等而符号相反时,可简化标注,如 $\phi 40 \pm 0.008$。

（2）实际偏差

实际尺寸减其基本尺寸所得的代数差称为实际偏差。实际偏差也可以为正值、负值或零值。合格零件的实际偏差应在上、下偏差之间。

（3）尺寸偏差计算举例

例 2.1　设计一孔,其直径的基本尺寸为 $\phi 50$ mm,最大极限尺寸 $\phi 50.048$ mm,最小极限尺寸 $\phi 50.009$ mm（图 2.4）,求孔的上、下偏差。

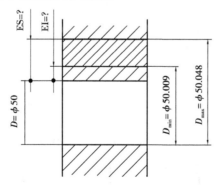

图 2.4　孔的偏差计算示例

解　由式（2.1a）可知孔的上、下偏差为

$$ES = D_{\max} - D = 50.048 - 50 = + 0.048 \text{ mm}$$

$$EI = D_{\min} - D = 50.009 - 50 = + 0.009 \text{ mm}$$

例 2.2　设计一轴,其直径的基本尺寸为 $\phi 60$ mm,最大极限尺寸 $\phi 60.018$ mm,最小极限尺寸 $\phi 59.988$ mm（图 2.5）,求轴的上、下偏差。

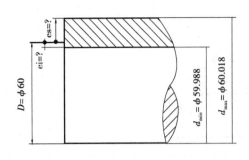

图 2.5　轴的偏差计算示例

解　由式(2.1)可知轴的上、下偏差为

es $= d_{max} - d = 60.018 - 60 = +0.018$ mm

ei $= d_{min} - d = 59.988 - 60 = -0.012$ mm

2. 尺寸公差(T)

尺寸公差是最大极限尺寸减最小极限尺寸之差,或上偏差减下偏差之差。由定义可以看出,尺寸公差是允许尺寸的变动量。尺寸公差简称公差。

孔和轴的公差分别以 T_h 和 T_s 表示,其表达式为

$$T_h = |D_{max} - D_{min}| \tag{2.2a}$$

$$T_s = |d_{max} - d_{min}| \tag{2.2b}$$

出式(2.1)可得:

$$D_{max} = D + ES \qquad\qquad D_{min} = D + EI$$

代入式(2.2a)中可得:

$$T_h = |D_{max} - D_{min}| = |(D + ES) - (D + EI)|$$

所以　　　　　　　　$T_h = |ES - EI| \tag{2.3a}$

同理可推导出

$$T_s = |es - ei| \tag{2.3b}$$

以上两式说明:公差又等于上偏差与下偏差的代数差的绝对值。

从以上叙述可以看出,尺寸公差是用绝对值来定义的,没有正、负的含义,因此在公差值的前面不能标出" + "号或" - "号。

例 2.3　求孔 $\phi 20^{+0.104}_{+0.020}$ mm 的尺寸公差(图2.6)。

解　利用式(2.2a)进行计算,得

$D_{max} = D + ES = 20 + 0.104 = 20.104$ mm

$D_{min} = D + EI = 20 + 0.020 = 20.020$ mm

$T_h = |D_{max} - D_{min}| = |20.104 - 20.020| = 0.084$ mm

利用式(2.3a)进行计算,得

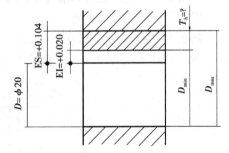

图 2.6　孔的尺寸公差计算示例

$$T_h = |ES - EI| = |+0.104 - (+0.020)| = 0.084 \text{ mm}$$

3. 零线、公差带与公差带图解

为了使用方便,在实际应用中一般不画出孔和轴的全形,只将轴向截面图中有关公差部分按规定放大画出,这种图称为极限与配合图解,也称公差带图解。

(1)零线

在极限与配合图解中,表示基本尺寸的一条直线称为零线。以零线为基准确定偏差和公差。作公差带图解时,通常将零线沿水平方向绘制,在其左端画出表示偏差大小的纵坐标并标

上"0"和"＋""－"号,在其左下方画上带单向箭头的尺寸线,并标上基本尺寸值。正偏差位于零线上方,负偏差位于零线下方,零偏差与零线重合。

（2）公差带

在公差带图解中,由代表上偏差和下偏差或最大极限尺寸和最小极限尺寸的两条直线所限定的一个区域称为公差带。国家标准对极限与配合作了规定:公差带的大小由标准公差确定,公差带的位置由基本偏差确定。

（3）公差带图

画公差带图时,要标注上相应的"0"、"＋"和"－"号,并将基本尺寸值标注在带有单箭头的尺寸线上。公差带图画法如图 2.7 所示。

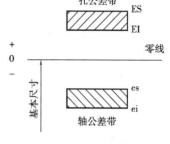

图 2.7　公差带图画法

例 2.4　已知孔 $\phi40^{+0.025}_{0}$ 轴 $\phi40^{-0.010}_{-0.026}$,求孔、轴的极限偏差与公差。

解　1）公差带图解法

孔的极限尺寸如图:

$$D_{\max} = 40.025 \qquad D_{\min} = 40$$

轴的极限尺寸如图:

$$d_{\max} = 39.990 \qquad d_{\min} = 39.974$$

其孔、轴公差为:

$$T_h = 0.025 \qquad T_s = 0.016$$

2）公式法（利用公式来解）

$$D_{\max} = D + ES = 40 + 0.025 = 40.025$$
$$D_{\min} = D + EI = 40 + 0 = 40$$
$$d_{\max} = d + es = 40 - 0.01 = 39.990$$
$$d_{\min} = d + ei = 40 - 0.026 = 39.974$$
$$T_h = D_{\max} - D_{\min} = 40.025 - 40 = 0.025$$
$$T_s = es - ei = -0.01 - (-0.026) = 0.016$$

课题 3　配合的基本术语

知识目标

1）了解配合的含义；

2）了解配合的种类；

3）理解间隙配合和过盈配合。

技能目标

1）能根据配合的孔和轴计算极限间隙；

2）能根据配合的孔和轴计算极限过盈。

实例引入

在孔和轴的配合中，有时在保证基本尺寸相同的情况下，加工后有时孔比轴大点，有时轴比孔大点，就形成不同的配合。

课题完成过程

一、配合的基本术语

1. 配合

基本尺寸相同的，相互结合的孔和轴的公差带之间的关系称为配合。

上述定义说明，相互配合的孔和轴其基本尺寸应该是相同的。孔、轴装配后的松紧程度即装配的性质，取决于相互配合的孔和轴公差带之间的关系。

2. 间隙与过盈

孔的尺寸减去相配合的轴的尺寸为正时是间隙，一般用 X 表示；孔的尺寸减去相配合的轴的尺寸为负时是过盈，一般用 Y 表示。间隙数值前应标"＋"号；过盈数值前应标"－"号。在孔和轴的配合中，间隙的存在是配合后能产生相对运动的基本条件，而过盈的存在是使配合零件位置固定或传递载荷。

二、配合的分类

1. 间隙配合

具有间隙（包括最小间隙等于零）的配合称为间隙配合，如图 2.8 所示。

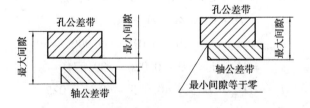

图 2.8　间隙配合

当孔为最大极限尺寸而与其相配的轴为最小极限尺寸时，配合处于最松状态，此时的间隙为最大间隙，用 $X_{\max}$ 表示。在间隙配合中，最大间隙等于孔的最大极限尺寸与轴的最小极限尺寸之差。当孔为最小极限尺寸而与其相配的轴为最大极限尺寸时，配合处于最紧状态，此时的间隙称为最小间隙，用 $X_{\min}$ 表示。在间隙配合中，最小间隙等于孔的最小极限尺寸与轴的最大极限尺寸之差。以上关系用公式表示如下：

$$X_{\max} = D_{\max} - d_{\min} = (D + ES) - (d + ei) = ES - ei \qquad (2.4)$$

$$X_{\min} = D_{\min} - d_{\max} = (D + EI) - (d + es) = EI - es \qquad (2.5)$$

最大间隙与最小间隙统称为极限间隙,它们表示间隙配合中允许间隙变动的两个界限值。在正常的生产中,两者出现的机会很少。

例2.5 已知图2.9所示齿轮衬套 $\phi 25^{+0.021}_{0}$ 和中间轴轴颈 $\phi 25^{-0.020}_{-0.033}$ 为间隙配合,试求最大间隙和最小间隙。

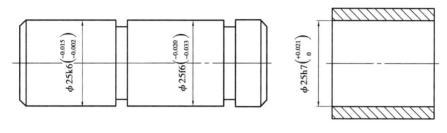

图2.9

解 由式(2.4)和式(2.5)可得

$$X_{\max} = ES - ei = +0.021 - (-0.033) = +0.054 \text{ mm}$$

$$X_{\min} = EI - es = 0 - (-0.020) = +0.020 \text{ mm}$$

2.过盈配合

具有过盈(包括最小过盈等于零)的配合称为过盈配合,如图2.10所示。

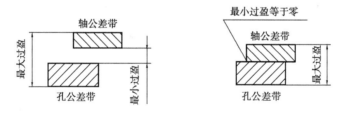

图2.10 过盈配合

当孔为最小极限尺寸而与其相配的轴为最大极限尺寸时,配合处于最紧状态,此时的过盈称为最大过盈,用 $Y_{\max}$ 表示。在过盈配合中,最大过盈等于孔的最小极限尺寸与轴的最大极限尺寸之差。当孔为最大极限尺寸而与其相配的轴为最小极限尺寸时,配合处于最松状态,此时的过盈称为最小过盈,用 $Y_{\min}$ 表示。在过盈配合中,最小过盈等于孔的最大极限尺寸与轴的最小极限尺寸之差。以上关系用公式表示如下:

$$Y_{\max} = D_{\min} - d_{\max} = (D + EI) - (d + es) = EI - es \qquad (2.6)$$

$$Y_{\min} = D_{\max} - d_{\min} = (D + ES) - (d + ei) = ES - ei \qquad (2.7)$$

以上两式说明:对过盈配合,最大过盈等于孔的下偏差减去轴的上偏差所得的代数差;最小过盈等于孔的上偏差减去轴的下偏差所得的代数差。

最大过盈与最小过盈统称为极限过盈,它们表示过盈配合中允许过盈变动的两个界限值。在正常的生产中,两者出现的机会也是很少的。

例 2.6 如图 2.11 所示，齿轮孔 $\phi32^{+0.025}_{0}$ 和齿轮衬套外径 $\phi32^{+0.042}_{+0.026}$ 为过盈配合，试求最大过盈和最小过盈。

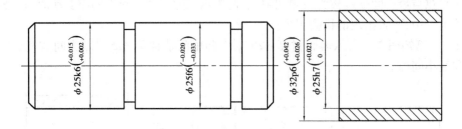

图 2.11

解 由式（2.6）和式（2.7）可得

$$Y_{\max} = \text{EI} - \text{es} = 0 - (+0.042) = -0.042 \text{ mm}$$

$$Y_{\min} = \text{ES} - \text{ei} = +0.025 - (+0.026) = -0.001 \text{ mm}$$

3. 过渡配合

可能具有间隙或过盈的配合称为过渡配合。过渡配合时，孔的公差带与轴的公差带相互交叠。

三、配合公差

配合公差为组成配合的孔与轴的公差之和，它是允许间隙或过盈的变动量。配合公差一般用 T_f 表示，且有

$$T_f = T_h + T_s \tag{2.8}$$

对间隙配合

$$T_f = |X_{\max} - X_{\min}| \tag{2.9}$$

对过盈配合

$$T_f = |Y_{\min} - Y_{\max}| \tag{2.10}$$

对过渡配合

$$T_f = |X_{\max} - Y_{\min}| \tag{2.11}$$

从公式中可以看出，配合件的装配精度和零件的加工精度密切相关。若要使装配精度升高，则应减小孔和轴的公差，控制配合后的间隙或过盈的变化范围，提高零件的加工精度。

巩固与练习

一、判断题（正确的打"√"，错误的打"×"）

（1）在公差与配合教材中，轴只是指圆柱形的外表面。（　　）

（2）零件的基本尺寸越靠近基本尺寸，零件就越精确。（　　）

（3）某图样上标注有 $\phi50^{+0.033}_{0}$，该孔为基孔制的孔。（　　）

（4）零件的公差值越小，零件的精度就越高。（　　）

（5）过渡配合包括最大间隙为零和最大过盈为零的配合。（　　）

（6）从加工工艺和经济性来考虑，选择基准时应优先选择基孔制。（　　）

（7）配合公差的大小，等于相配合的孔公差加上轴公差。（　　）

二、多项选择题

(1)下列配合中,属于基孔制的有　　　　　　　　　　　　　　　　　　　　　　　　　(　　)

A. $\phi 50H6/g5$　　　　B. $\phi 65F7/h6$　　　　C. $\phi 70H8/k8$　　　　D. $\phi 70H5/s4$

(2)下列配合代号标注不正确的是　　　　　　　　　　　　　　　　　　　　　　　　　(　　)

A. $\phi 35H5/k4$　　　　B. $\phi 30h8/k8$　　　　C. $\phi 40f7/H6$　　　　D. $\phi 40H7/D6$

(3)下列配合属于过盈配合的是　　　　　　　　　　　　　　　　　　　　　　　　　　(　　)

A. $\phi 40H7/k6$　　　　B. $\phi 40F6/s5$　　　　C. $\phi 35P7/h6$　　　　D. $\phi 50R8/h8$

(4)下列有关公差等级的论述中,不正确的有　　　　　　　　　　　　　　　　　　　　(　　)

A. 孔和轴之间的配合,一般都是同级配合;

B. 公差等级越高,公差带越宽;

C. 在满足使用要求的前提下,应尽量选用高的公差等级;

D. 公差等级的高低,决定配合的精度。

(5)下列有关配合的选择的论述中正确的有　　　　　　　　　　　　　　　　　　　　(　　)

A. 从经济上考虑应优先选择基孔制;

B. 在任何情况下都应尽量选用低的公差等级;

C. 从结构角度考虑应优先选用基轴制;

D. 与标准件相配合的零件应以标准件为基准。

三、填空题

(1)极限偏差是指_____,实际偏差是指_____。

(2)已知某一基孔制的孔的公差为 0.025 mm,则该孔的上偏差为_____。

(3)基本尺寸小于等于 500 mm 的孔或轴的标准公差值的大小,随着基本尺寸的增大而_____。随着公差等级的提高而_____。

(4)一组基轴制的孔、轴配合,已知其最小间隙为 0.06 mm,则孔的下偏差为____ mm。

(5)公差等级的选择原则是_____的前提下,尽量选用_____的公差等级。

(6)孔、轴的 ES < ei 的配合属于_____配合;EI = es 的配合属于_____配合。

四、简答题

(1)什么叫尺寸公差? 它与极限尺寸和极限偏差之间有何关系?

(2)设计时选用公差等级要考虑哪些因素? 公差等级是否选得越高越好?

(3)何为"未注公差尺寸"? 这一规定适用于什么条件?

项目3 新国标的两大系列

项目内容 1)标准公差系列；

2)基本偏差系列。

项目目标 1)了解公差等级的含义及分类；

2)了解基本偏差的含义及分类。

项目实施过程

课题1 标准公差系列

知识目标

1)了解公差等级的含义及分类；

2)了解基本尺寸分段；

3)掌握基本尺寸标准公差数值。

技能目标

能根据标准公差数值表查公差等级的数值。

实例引入

在零件的加工过程中,是不是零件加工精度越高越好。

课题完成过程

一、标准公差等级

1)确定尺寸精确程度的等级称为公差等级。

2)为了满足生产的需要,国家标准设置了20个公差等级。各级标准公差的代号依次为IT01,IT0,IT1,IT2,…,IT18。其中IT01精度最高,其次依次降低,IT18精度最低。表3.1中所列的是标准公差等级从IT1到IT18、基本尺寸到3 150 mm的标准公差数值。标准公差等级IT01和IT0工业上很少用到,因而将其数值列入了GB/T 1800.3—1998的附录中,如表3.1所示。

表3.1 IT01和IT0的标准公差数值　　　　　　　　　　　　　　（μm）

基本尺寸/mm	标准公差等级	
	IT01	IT10
≤3	0.3	0.5
3~6	0.4	0.6
6~10	0.4	0.6
10~18	0.5	0.8

续表

基本尺寸/mm	标准公差等级	
	IT01	IT10
18 ~ 30	0.6	1
30 ~ 50	0.6	1
50 ~ 80	0.8	1.2
80 ~ 120	1	1.5
120 ~ 180	1.2	2
180 ~ 250	2	3
250 ~ 315	2.5	4
315 ~ 400	3	5
400 ~ 500	4	6

3)公差等级高,零件的精度高,使用性能提高,但加工难度大,生产成本高;公差等级低,零件精度低,使用性能降低,但加工难度小,生产成本降低。因而要同时考虑零件的使用要求和加工的经济性能这两个因素,合理确定公差等级。

二、基本尺寸分段

1)标准公差数值不仅与公差等级有关,还与基本尺寸有关。

同一尺寸段内的所有基本尺寸,公差等级相同时,标准公差数值相同。

2)常用基本尺寸标准公差数值如表3.2所示。

表3.2 常用基本尺寸标准公差数值表

基本尺寸/mm	公差等级																		
	IT01	IT0	IT1	IT2	IT3	IT4	IT5	IT6	IT7	IT8	IT9	IT10	IT11	IT12	IT13	IT14	IT15	IT16	IT17	IT18
≤3	0.3	0.5	0.8	1.2	2	3	4	6	10	14	25	40	60	100	0.14	0.25	0.4000	0.60	1.0	1.4
3 ~ 6	0.4	0.6	1	1.5	2.5	4	5	8	12	18	30	48	75	120	0.18	0.30	0.48	0.75	1.2	1.8
6 ~ 10	0.4	0.6	1	1.5	2.5	4	6	9	15	22	36	58	90	150	0.22	0.36	0.58	0.90	1.5	2.2
10 ~ 18	0.5	0.8	1.2	2	3	5	8	11	18	27	43	70	110	180	0.27	0.43	0.70	1.10	1.8	2.7
18 ~ 30	0.6	1	1.5	2.5	4	6	9	13	21	33	52	84	130	210	0.33	0.52	0.84	1.30	2.1	3.3
30 ~ 50	0.6	1	1.5	2.5	4	7	11	16	25	39	62	100	160	250	0.39	0.62	1.00	1.60	2.5	3.9
50 ~ 80	0.8	1.2	2	3	5	8	13	19	30	46	74	120	190	300	0.46	0.74	1.20	1.90	3.0	4.6
80 ~ 120	1	1.5	2.5	4	6	10	15	22	35	54	87	140	220	350	0.54	0.87	1.40	2.20	3.5	5.4
120 ~ 180	1.2	2	3.5	5	8	12	18	25	40	63	100	160	250	400	0.63	1.00	1.60	2.50	4.0	6.3
180 ~ 250	2	3	4.5	7	10	14	20	29	46	72	115	185	290	460	0.72	1.15	1.85	2.90	4.6	7.2
250 ~ 315	2.5	4	6	8	12	16	23	32	52	81	130	210	320	520	0.81	1.30	2.10	3.20	5.2	8.1
315 ~ 400	3	5	7	9	13	18	25	36	57	89	140	230	360	570	0.89	1.40	2.30	3.60	5.7	8.9
400 ~ 500	4	6	8	10	15	20	27	40	63	97	155	250	400	630	0.97	1.55	2.50	4.00	6.3	9.7

注:基本尺寸≤1 mm时,无IT4至IT8;IT01 ~ IT12单位为μm,IT13 ~ IT18单位为mm。

课题 2　基本偏差系列

知识目标

1) 了解公差等级的含义及分类;

2) 了解基本尺寸分段;

3) 掌握基本尺寸标准公差数值。

技能目标

能根据标准公差数值表查公差等级的数值。

实例引入

已知孔和轴的上下偏差怎样计算基本偏差?

课题完成过程

一、国标对孔和轴各设定了 28 个基本偏差

基本偏差代号用拉丁字母表示,大写代表孔的基本偏差,小写代表基本偏差。在 26 个拉丁字母中,除去易与其他代号混淆的 I,L,O,Q,W,(i,l,o,q,w)5 个字母外,再加上用 CD,EF,FG,ZA,ZB,ZC,JS(cd,ef,fg,za,zb,zc,js)两个字母表示的 7 个代号,共有 28 个,即孔和轴各有 28 个基本偏差,见表 3.3。

表 3.3　孔和轴的基本偏差代号

孔	A	B	C	D	E	F	G	H	J	K	M	N	P	R	S	T	U	V	X	Y	Z			
			CD		EF	FG		JS														ZA	ZB	ZC
轴	a	b	c	d	e	f	g	h	j	k	m	n	p	r	s	t	u	v	x	y	z			
			cd		ef	fg		js														za	zb	zc

1. 基本偏差系列图及特征

基本偏差系列如图 3.1 所示。

例 3.1　有一配合的孔和轴基本尺寸为 $\phi 60$ mm,要求过盈为 $-0.046 \sim 0.086$ mm,采用基孔制,试求:

1) 取孔的公差等于 1.5 倍的轴公差;

2) 孔和轴的极限偏差、并画出孔和轴的公差带图。

解　由式(2.9)、式(2.10)得到

$$T_f = |Y_{min} - Y_{max}| = -0.046 - (-0.086) = 0.040 \text{ mm}$$

又

$$T_f = T_h + T_s = 0.040 \text{ mm}$$

根据题意

$$T_h = 1.5 T_s$$

$$1.5 T_s + T_s = 0.040 \text{ mm}$$

$$2.5 T_s = 0.040 \text{ mm}$$

所以

$$T_s = 0.016 \text{ mm}$$

$$T_h = 0.024 \text{ mm}$$

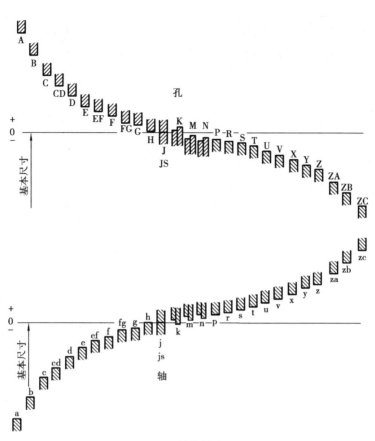

图 3.1　基本偏差系列

3)已知基孔制,孔的下偏差

$$ES = T_h + EI = 0.02$$

由式(2.10)得到

$$ei = ES - Y_{min} = (0.024) - (-0.046) = +0.070 \text{ mm}$$

$$es = ei + T_s = 0.070 + 0.016 = 0.086 \text{ mm}$$

公差带示意图如图 3.2 所示。

2. 基本偏差的数值

轴和孔的基本偏差数值是根据一系列公式计算而得到的,这些公式是从生产实践的经验中和有关统计分析的结果中整理而出。

从表 3.2 和表 3.3 中可以看出,孔和轴的基本偏差除从系列图中反映出的上述特征外,还具有如下特点:

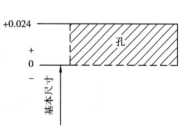

图 3.2　例 3.1 图

1)孔的基本偏差 P 至 ZC 中,当公差等级分别为小于等于 7 及大于 7 时,其基本偏差数值不同,两者相差一个 Δ 值。

2)在 500 ~ 3 150 mm 的大尺寸段,只给出部分基本偏差数值。如轴为 d,e,f,g,h,js,k,m,n,p,r,s,t,u;孔为 D,E,F,G,H,JS,K,M,N,P,R,S,T,U。

表3.4 常用基本尺寸的轴的基本偏差数值（摘自 GB/T 1800.3—1998）

（μm）

说明：基本偏差——a～js 为上偏差 es，j～zc 为下偏差 ei（所有标准公差等级）。js 栏：偏差等于 ±IT/2。j 列下分 5,6｜7｜8 三档；k 列下分 4～7｜≤3,>7 两档。

大于	至	a	b	c	cd	d	e	ef	f	fg	g	h	js	j(5,6)	j(7)	j(8)	k(4~7)	k(≤3,>7)	m	n	p	r	s	t	u	v	x	y	z	za	zb	zc
—	3	-270	-140	-60	-34	-20	-14	-10	-6	-4	-2	0	±IT/2	-2	-4	-6	0	0	+2	+4	+6	+10	+14	—	+18	—	+20	—	+26	+32	+40	+60
3	6	-270	-140	-70	-46	-30	-20	-14	-10	-6	-4	0		-2	-4	—	+1	0	+4	+8	+12	+15	+19	—	+23	—	+28	—	+35	+42	+50	+80
6	10	-280	-150	-80	-56	-40	-25	-18	-13	-8	-5	0		-2	-5	—	+1	0	+6	+10	+15	+19	+23	—	+28	—	+34	—	+42	+52	+67	+97
10	14	-290	-150	-95	—	-50	-32	—	-16	—	-6	0		-3	-6	—	+1	0	+7	+12	+18	+23	+28	—	+33	—	+40	—	+50	+64	+90	+130
14	18				—			—		—						—								—		+39	+45	—	+60	+77	+108	+150
18	24	-300	-160	-110	—	-65	-40	—	-20	—	-7	0		-4	-8	—	+2	0	+8	+15	+22	+28	+35	—	+41	+47	+54	+63	+73	+98	+136	+188
24	30				—			—		—						—								+41		+55	+64	+75	+88	+118	+160	+218
30	40	-310	-170	-120	—	-80	-50	—	-25	—	-9	0		-5	-10	—	+2	0	+9	+17	+26	+34	+43	+48	+48	+68	+80	+94	+112	+148	+200	+274
40	50	-320	-180	-130	—			—		—						—								+54	+60	+81	+97	+114	+136	+180	+242	+323
50	65	-340	-190	-140	—	-100	-60	—	-30	—	-10	0		-7	-12	—	+2	0	+11	+20	+32	+41	+53	+66	+70	+102	+122	+144	+172	+226	+300	+405
65	80	-360	-200	-150	—			—		—						—						+43	+59	+75	+87	+120	+146	+174	+210	+274	+360	+480
80	100	-380	-230	-170	—	-120	-72	—	-36	—	-12	0		-9	-15	—	+3	0	+13	+23	+37	+51	+71	+91	+102	+146	+178	+214	+258	+335	+445	+585
100	120	-410	-240	-180	—			—		—						—						+54	+79	+104	+124	+172	+210	+254	+310	+400	+525	+690
120	140	-460	-260	-200	—	-145	-85	—	-43	—	-14	0		-11	-18	—	+3	0	+15	+27	+43	+63	+92	+122	+144	+202	+248	+300	+365	+470	+620	+800
140	160	-520	-280	-210	—			—		—						—						+65	+100	+134	+170	+228	+280	+340	+415	+535	+700	+900
160	180	-580	-310	-230	—			—		—						—						+68	+108	+146	+190	+252	+310	+380	+465	+600	+780	+1000
180	200	-660	-340	-240	—	-170	-100	—	-50	—	-15	0		-13	-21	—	+4	0	+17	+31	+50	+77	+122	+166	+210	+284	+350	+425	+520	+670	+880	+1150
200	225	-740	-380	-260	—			—		—						—						+80	+130	+180	+236	+310	+385	+470	+575	+740	+960	+1250
225	250	-820	-420	-280	—			—		—						—						+84	+140	+196	+258	+340	+425	+520	+640	+820	+1050	+1350
250	280	-920	-480	-300	—	-190	-110	—	-56	—	-17	0		-16	-26	—	+4	0	+20	+34	+56	+94	+158	+218	+284	+385	+475	+580	+710	+920	+1200	+1550
280	315	-1050	-540	-330	—			—		—						—						+98	+170	+240	+315	+425	+525	+650	+790	+1000	+1300	+1700
315	355	-1200	-600	-360	—	-210	-125	—	-62	—	-18	0		-18	-28	—	+4	0	+21	+37	+62	+108	+190	+268	+350	+475	+590	+730	+900	+1150	+1500	+1900
355	400	-1350	-680	-400	—			—		—						—						+114	+208	+294	+390	+530	+660	+820	+1000	+1300	+1650	+2100
400	450	-1500	-760	-440	—	-230	-135	—	-68	—	-20	0		-20	-32	—	+5	0	+23	+40	+68	+126	+232	+330	+435	+595	+740	+920	+1100	+1450	+1850	+2400
450	500	-1650	-840	-480	—			—		—						—						+132	+252	+360	+490	+660	+820	+1000	+1250	+1600	+2100	+2600

表 3.5　常用尺寸孔的基本偏差数值（摘自 GB/T 1800.3—1998）

（μm）

基本尺寸/mm 大于	至	A	B	C	CD	D	E	EF	F	FG	G	H	JS	J6	J7	J8	K(≤8)	K(>8)	M(≤8)	M(>8)	N(≤8)	N(>8)	P~ZC(≤IT7)	P	R	S	T	U	V	X	Y	Z	ZA	ZB	ZC	Δ3	Δ4	Δ5	Δ6	Δ7	Δ8
—	3	+270	+140	+60	+34	+20	+14	+10	+6	+4	+2	0	0	+2	+4	+6	0	0	−2	−2	−4	−4	在大于IT7级的相应数值上增加一个Δ值	−6	−10	−14	—	−18	—	−20	—	−26	−32	−40	−60	0	0	0	0	0	0
3	6	+270	+140	+70	+46	+30	+20	+14	+10	+6	+4	0	0	+5	+6	+10	−1+Δ	—	−4+Δ	−4	−8+Δ	0		−12	−15	−19	—	−23	—	−28	—	−35	−42	−50	−80	1	1.5	1	3	4	6
6	10	+280	+150	+80	+56	+40	+25	+18	+13	+8	+5	0	0	+5	+8	+12	−1+Δ	—	−6+Δ	−6	−10+Δ	0		−15	−19	−23	—	−28	—	−34	—	−42	−52	−67	−97	1	1.5	2	3	6	7
10	14	+290	+150	+95	—	+50	+32	—	+16	—	+6	0	0	+6	+10	+15	−1+Δ	—	−7+Δ	−7	−12+Δ	0		−18	−23	−28	—	−33	—	−40	—	−50	−64	−90	−130	1	2	3	3	7	9
14	18	+290	+150	+95	—	+50	+32	—	+16	—	+6	0	0	+6	+10	+15	−1+Δ	—	−7+Δ	−7	−12+Δ	0		−18	−23	−28	—	−33	−39	−45	—	−60	−77	−108	−150	1	2	3	3	7	9
18	24	+300	+160	+110	—	+65	+40	—	+20	—	+7	0	0	+8	+12	+20	−2+Δ	—	−8+Δ	−8	−15+Δ	0		−22	−28	−35	—	−41	−47	−54	−63	−73	−98	−136	−188	1.5	2	3	4	8	12
24	30	+300	+160	+110	—	+65	+40	—	+20	—	+7	0	0	+8	+12	+20	−2+Δ	—	−8+Δ	−8	−15+Δ	0		−22	−28	−35	−41	−48	−55	−64	−75	−88	−118	−160	−218	1.5	2	3	4	8	12
30	40	+310	+170	+120	—	+80	+50	—	+25	—	+9	0	0	+10	+14	+24	−2+Δ	—	−9+Δ	−9	−17+Δ	0		−26	−34	−43	−48	−60	−68	−80	−94	−112	−148	−200	−274	1.5	3	4	5	9	14
40	50	+320	+180	+130	—	+80	+50	—	+25	—	+9	0	0	+10	+14	+24	−2+Δ	—	−9+Δ	−9	−17+Δ	0		−26	−34	−43	−54	−70	−81	−97	−114	−136	−180	−242	−323	1.5	3	4	5	9	14
50	65	+340	+190	+140	—	+100	+60	—	+30	—	+10	0	0	+13	+18	+28	−2+Δ	—	−11+Δ	−11	−20+Δ	0		−32	−41	−53	−66	−87	−102	−122	−144	−172	−226	−300	−405	2	3	5	6	11	16
65	80	+360	+200	+150	—	+100	+60	—	+30	—	+10	0	0	+13	+18	+28	−2+Δ	—	−11+Δ	−11	−20+Δ	0		−32	−43	−59	−75	−102	−120	−146	−174	−210	−274	−360	−480	2	3	5	6	11	16
80	100	+380	+220	+170	—	+120	+72	—	+36	—	+12	0	0	+16	+22	+34	−3+Δ	—	−13+Δ	−13	−23+Δ	0		−37	−51	−71	−91	−124	−146	−178	−214	−258	−335	−445	−585	2	4	5	7	13	19
100	120	+410	+240	+180	—	+120	+72	—	+36	—	+12	0	0	+16	+22	+34	−3+Δ	—	−13+Δ	−13	−23+Δ	0		−37	−54	−79	−104	−144	−172	−210	−254	−310	−400	−525	−690	2	4	5	7	13	19
120	140	+460	+260	+200	—	+145	+85	—	+43	—	+14	0	0	+18	+26	+41	−3+Δ	—	−15+Δ	−15	−27+Δ	0		−43	−63	−92	−122	−170	−202	−248	−300	−365	−470	−620	−800	3	4	6	7	15	23
140	160	+520	+280	+210	—	+145	+85	—	+43	—	+14	0	0	+18	+26	+41	−3+Δ	—	−15+Δ	−15	−27+Δ	0		−43	−65	−100	−134	−190	−228	−280	−340	−415	−535	−700	−900	3	4	6	7	15	23
160	180	+580	+310	+230	—	+145	+85	—	+43	—	+14	0	0	+18	+26	+41	−3+Δ	—	−15+Δ	−15	−27+Δ	0		−43	−68	−108	−146	−210	−252	−310	−380	−465	−600	−780	−1000	3	4	6	7	15	23
180	200	+660	+340	+240	—	+170	+100	—	+50	—	+15	0	0	+22	+30	+47	−4+Δ	—	−17+Δ	−17	−31+Δ	0		−50	−77	−122	−166	−236	−284	−350	−425	−520	−670	−880	−1150	3	4	6	9	17	26
200	225	+740	+380	+260	—	+170	+100	—	+50	—	+15	0	0	+22	+30	+47	−4+Δ	—	−17+Δ	−17	−31+Δ	0		−50	−80	−130	−180	−258	−310	−385	−470	−575	−740	−960	−1250	3	4	6	9	17	26
225	250	+820	+420	+280	—	+170	+100	—	+50	—	+15	0	0	+22	+30	+47	−4+Δ	—	−17+Δ	−17	−31+Δ	0		−50	−84	−140	−196	−284	−340	−425	−520	−640	−820	−1050	−1350	3	4	6	9	17	26
250	280	+920	+480	+300	—	+190	+110	—	+56	—	+17	0	0	+25	+36	+55	−4+Δ	—	−20+Δ	−20	−34+Δ	0		−56	−94	−158	−218	−315	−385	−475	−580	−710	−920	−1200	−1550	4	4	7	9	20	29
280	315	+1020	+540	+330	—	+190	+110	—	+56	—	+17	0	0	+25	+36	+55	−4+Δ	—	−20+Δ	−20	−34+Δ	0		−56	−98	−170	−240	−350	−425	−525	−650	−790	−1000	−1300	−1700	4	4	7	9	20	29
315	355	+1350	+600	+360	—	+210	+125	—	+62	—	+18	0	0	+29	+39	+60	−4+Δ	—	−21+Δ	−21	−37+Δ	0		−62	−108	−190	−268	−390	−475	−590	−730	−900	−1150	−1500	−1900	4	5	7	11	21	32
355	400	+1500	+680	+400	—	+210	+125	—	+62	—	+18	0	0	+29	+39	+60	−4+Δ	—	−21+Δ	−21	−37+Δ	0		−62	−114	−208	−294	−435	−530	−660	−820	−1000	−1300	−1650	−2100	4	5	7	11	21	32
400	450	+1500	+760	+440	—	+230	+135	—	+68	—	+20	0	0	+33	+43	+66	−5+Δ	—	−23+Δ	−23	−40+Δ	0		−68	−126	−232	−330	−490	−595	−740	−920	−1100	−1450	−1850	−2400	5	5	7	13	23	34
450	500	+1650	+840	+480	—	+230	+135	—	+68	—	+20	0	0	+33	+43	+66	−5+Δ	—	−23+Δ	−23	−40+Δ	0		−68	−132	−252	−360	−540	−660	−820	−1000	−1250	−1600	−2100	−2600	5	5	7	13	23	34

3. 另一极限偏差数值的确定

由 IT = ES – EI 或 IT = es – ei 可得

孔:EI = ES – IT 或 ES = EI + IT   (3.1a)

轴:ei = es – IT 或 es = ei + IT   (3.1b)

例 3.2 已知 ϕ8e7,查标准公差和基本偏差并计算另一极限偏差。

解:

从表 1.5 可查到 e 的基本偏差为上偏差,其数值为

$$es = -25 \ \mu m = -0.025 \ mm$$

从表 3.2 中可查到标准公差数值为

$$IT7 = 15 \ \mu m = 0.015 \ mm$$

代入式(3.1b)可得另一极限偏差为

$$ei = es - IT = -0.025 - 0.015 = -0.040 \ mm$$

当知道相配合的孔和轴的基本尺寸、基本偏差代号及公差等级后,就可以利用标准公差数值表、基本偏差数值表查表和计算出孔和轴的极限偏差、极限尺寸、标准公差、配合的极限间隙或极限过盈及配合性质和配合公差。

二、公差带

1. 公差带代号

国标规定孔、轴的公差带代号由基本偏差代号和公差等级数字组成。示例如下:

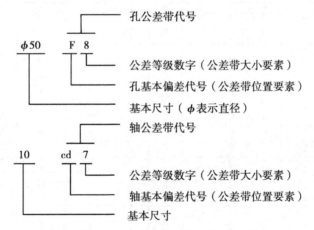

国标规定公差带除用以上形式标注外还可以用以下形式标注;

如 ϕ50F8 可用 $\phi50^{+0.064}_{+0.025}$ 或 $\phi50F8(^{+0.064}_{+0.025})$ 表示;10cd7 可用 $10^{-0.056}_{-0.071}$ 或 10cd7$(^{-0.056}_{-0.071})$ 表示。

2. 公差带系列

根据国标规定,标准公差等级有 20 级,基本偏差有 28 个,由此可组成很多公差带。孔有 $20 \times 27 + 3$(J6,J7,J8)= 543 种,轴有 $20 \times 27 + 4$(j5,j6,j7,j8)= 554 种。在孔的基本偏差中,J 仅保留 J6、J7 和 J8 三种公差带,因此可得到孔的公差带有$(28 - 1) \times 20 + 3 = 543$ 种。如此众多的公差带,又可组合成数目更多的、不同种类的孔和轴之间的配合,如果这些公差带都用上,显然是不必要的。为了减少定值刀具、量具的规格,提高经济效益,GB/T 1801—1999 对基本尺寸在 500 mm 范围内的公差带与配合,规定了常用和优先选用的公差带和配合。

（1）孔和轴的常用公差带

国家标准对常用尺寸段推荐了孔和轴的一般、常用和优先选用公差带。表3.6所示为国家标准推荐的孔的公差带代号,表3.7所示为国家标准推荐的轴的公差带代号。

表3.6 孔的一般、常用和优先选用的公差带代号

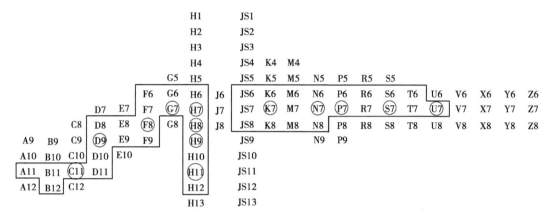

表3.7 轴的一般、常用和优先选用的公差带代号

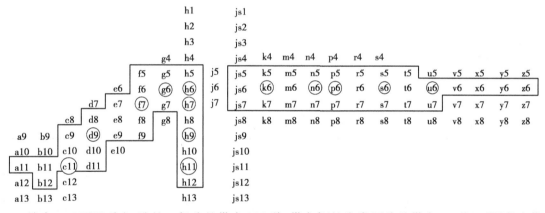

从表3.6可以看出,孔的一般公差带有105种,带方框的为常用公差带有44种,画圈者为优先选用公差带有13种。从表3.7可以看出,轴的一般公差带有116种,带方框的为常用公差带有59种,画圈者为优先选用公差带有13种。

（2）孔和轴的常用配合

为了使配合的种类更加简化和集中,国家标准还规定了孔、轴公差带的常用配合。基孔制配合中有59种常用配合,其中标注有"▼"符号的13种为优先配合,如表3.9所示。基轴制配合中有47种常用配合,其中标注有"▼"符号的13种为优先配合,如表3.10所示。

表 3.8　基孔制优先、常用配合

基孔制	轴																				
	a	b	c	d	e	f	g	h	js	k	m	n	p	r	s	t	u	v	x	y	z
	间隙配合								过渡配合			过盈配合									
H6						H6/f5	H6/g5	H6/h5	H6/js5	H6/k5	H6/m5	H6/n5	H6/p5	H6/r5	H6/s5	H6/t5					
H7						H7/f6	H7/g6 ▼	H7/h6 ▼	H7/js6	H7/k6 ▼	H7/m6	H7/n6 ▼	H7/p6 ▼	H7/r6	H7/s6 ▼	H7/t6	H7/u6 ▼	H7/v6	H7/x6	H7/y6	H7/z6
H8					H8/e7	H8/f7 ▼	H8/g7	H8/h7 ▼	H8/js7	H8/k7	H8/m7	H8/n7	H8/p7	H8/r7	H8/s7	H8/t7	H8/u7				
H8				H8/d8	H8/e8	H8/f8		H8/h8													
H9			H9/c9	H9/d9 ▼	H9/e9	H9/f9		H9/h9 ▼													
H10			H10/c10	H10/d10				H10/h10													
H11	H11/a11	H11/b11	H11/c11 ▼	H11/d11				H11/h11 ▼													
H12		H12/b12						H12/h12													

注:① $\dfrac{H7}{p6}$、$\dfrac{H6}{n5}$ 在基本尺寸≤3 mm 和 $\dfrac{H8}{r7}$ 在基本尺寸≤10 mm 时,为过渡配合。

② 带"▼"符号的配合为优先配合。

表 3.9　基轴制优先、常用配合

基准轴	孔																				
	A	B	C	D	E	F	G	H	JS	K	M	N	P	R	S	T	U	V	X	Y	Z
	间隙配合								过渡配合			过盈配合									
h5						F6/h5	G6/h5	H6/h5	JS6/h5	K6/h5	M6/h5	N6/h5	P6/h5	R6/h5	S6/h5	T6/h5					
h6						F7/h6	G7/h6 ▼	H7/h6 ▼	JS7/h6	K7/h6	M7/h6	N7/h6 ▼	P7/h6 ▼	R7/h6	S7/h6 ▼	T7/h6	U7/h6 ▼				
h7					E8/h7	F8/h7 ▼		H8/h7 ▼	JS8/h7	K8/h7	M8/h7	N8/h7									
h8				D8/h8	E8/h8	F8/h8		H8/h8													

续表

基准轴	孔																					
	A	B	C	D	E	F	G	H	JS	K	M	N	P	R	S	T	U	V	X	Y	Z
	间隙配合								过渡配合				过盈配合								
h9				▼$\frac{D9}{h9}$	$\frac{E9}{h9}$	$\frac{F9}{h9}$		▼$\frac{H9}{h9}$													
h10				$\frac{D10}{h10}$				$\frac{H10}{h10}$													
h11	$\frac{A11}{h11}$	$\frac{B11}{h11}$	▼$\frac{C11}{h11}$	$\frac{D11}{h11}$				▼$\frac{H11}{h11}$													
h12		$\frac{B12}{h12}$						$\frac{H12}{h12}$													

注:带▼符号的配合为优先配合。

选用公差带和配合时,必须按照优先、常用、一般的先后顺序来选取。特殊情况下常用的公差带和配合不够用时,可在国家标准规定的标准公差等级和其他基本偏差中选取所需要的孔和轴的公差带来组成配合。

巩固与练习

计算题

1)计算表3.10所示空格中的数据,并按规定填入表中。

表3.10 计算填空

基本尺寸	最大极限尺寸	最小极限尺寸	上偏差	下偏差	公 差
孔 ϕ15	15.030			+0.010	
孔 ϕ18		18.001			0.031
轴 ϕ25	22.980	22.950			
孔 ϕ25			+0.020	−0.010	
孔 ϕ30				+0.015	0.035
轴 ϕ35			+0.015		0.030

2)计算表3.11所示空格中的数值,并按规定填在表中。

表 3.11　计算填空

基本尺寸	孔			轴			X_{max} 或 Y_{min}	X_{min} 或 Y_{max}	X_{av} 或 X_{av}	T_f	基准制
	ES	EI	T_n	es	ei	T_s					
$\phi24$		0		0.012		0.011			0.002 5		
$\phi14$	0.064			0.012		0.010		−0.012			
$\phi40$	0.073		0.073		−0.016					0.098	
ϕA5	−0.025	−0.050		0		0.016	−0.009				
$\phi25$	0.013		0.013		−0.061			0.04			

项目4 形状和位置公差

项目内容 1）形位误差和公差与符号；
          2）形位误差和公差与公差带；
          3）形位公差标注。

项目目标 1）了解形位公差的概念；
          2）掌握形位公差的项目内容和含义；
          3）能正确识读形位公差的标注。

项目实施过程

课题1 形位误差和公差与符号

知识目标

1）了解形位公差的含义；

2）理解形位公差的项目内容和含义。

技能目标

1）会区分不同的形位公差的项目符号；

2）能区分不同的几何要素。

实例引入

零件在加工过程中不仅有尺寸误差，而且还会产生形状和位置误差（简称为形位误差）。形位误差对机械产品的制造、机械零部件的使用和工作性能的影响不容忽视。比如：圆柱形零件的圆度、圆柱度误差会使配合间隙不均匀，或各部分的过盈不一致，在使用过程中，将影响其连接强度，也会导致磨损加剧，精度降低，缩短使用寿命；机床导轨的直线度误差会使移动部件运动精度降低，影响加工精度和加工质量；齿轮箱上个轴承孔的位置误差，将影响齿轮传动的齿面接触精度和齿侧间隙；轴承盖上各螺钉孔的位置误差，会影响其装配精度等。因此，为保证机械产品的质量和零件的互换性，必须对形位误差加以控制，规定合理的形状和位置公差（简称为形位公差）。

经过机械加工后的零件，由于机床夹具、刀具及工艺操作水平等因素的影响，零件的尺寸和形状及表面质量均不能做到完全理想而会出现加工误差，如图4.1和图4.2所示。

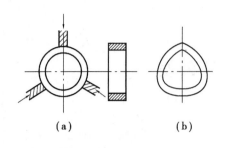

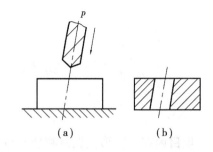

图 4.1　车削形成的形状误差　　　　　图 4.2　钻削形成的位置误差

课题完成过程

一、形位误差与公差

1. 形位误差

零件在加工过程中,由于机床精度、加工方法等多种原因,使零件加工表面、轴线对称中心平面等的实际形状和位置相对于设计所要求的理想形状和位置,不可避免地存在着误差,称它为形状和位置误差。

2. 形位公差

为保证机械产品的质量和零件的互换性,在零件设计过程中,根据零件的功能要求,结合制造经济性对零件的形位误差加以限制,而对零件的几何要素规定的形位误差允许的变动量,称为形状和位置公差。

如图 4.3(a)所示为一阶梯轴图样,设计者对 ϕd_1 表面的圆柱度、ϕd_1 轴线相对 ϕd_2 左端面的垂直度规定了形位公差。图 4.3(b)所示为加工后的实际零件,ϕd_1 表面的圆柱度、ϕd_1 轴线相对 ϕd_2 左端面的垂直度实际情况与理想情况存在着形位误差。

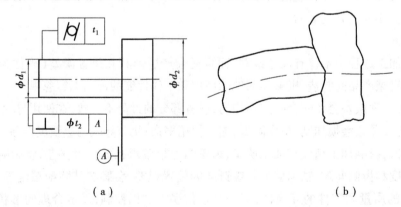

(a)　　　　　　　　　　　　　　　(b)

图 4.3

二、形位公差的分类

形位公差研究的对象就是零件几何要素(构成零件几何特征的点、线、面等)本身的形状精度和相关要素之间的位置精度问题。

为了便于研究形位公差和形位误差,可将零件的几何要素按不同的研究重点进行分类:

1. 按结构特征分类

（1）轮廓要素

是指构成零件外形的点、线、面各要素，如图 4.4 所示的球面、圆锥面、圆柱面、端平面，以及圆柱面与圆锥面的素线等。

（2）中心要素

是指轮廓要素对中心所表示的点、线、面各要素，如图 4.4 所示的球心、轴线等。

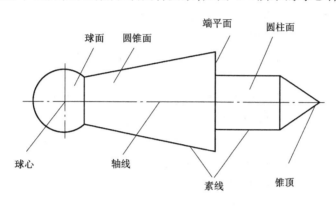

图 4.4

2. 按存在的状态分类

（1）实际要素

是指零件实际存在的要素。通常用测量得到的要素来代替实际要素。

（2）理想要素

是指具有几何学意义的要素，它们不存在任何误差。机械图样上表示的要素均为理想要素。

3. 按所处的地位分类

（1）被测要素

是指在机械图样上给出形状或（和）位置公差要求的要素，是检测的对象。如图 4.3（a）所示 ϕd_1 表面及其轴线即为被测要素。

（2）基准要素

是指用来确定被测要素方向或（和）位置的要素。如图 4.3（a）所示的 ϕd_2 左端面即为基准要素。

4. 按功能关系分类

（1）单一要素

是指仅对被测要素本身提出形状公差要求的要素。如图 4.3（a）所示的 ϕd_1 圆柱面，设计者给出了圆柱度公差要求，该形状公差要求与其他要素无相对位置要求，所以 ϕd_1 圆柱面为单一要素。

（2）关联要素

相对基准要素有方向或（和）位置功能要求和给出位置公差要求的被测要素。如图 4.3（a）所示的 ϕd_1 轴线相对于 ϕd_2 左端面有垂直度的功能要求，所以 ϕd_1 轴线为关联要素。

三、形位公差标准

为了统一在零件的设计、加工和检测过程中对形位公差的认识和要求,中国于 1980 年正式公布了《形状和位置公差》国家标准:

GB 1182—1980 《形状和位置公差代号及其注法》;

GB 1183—1980 《形状和位置公差术语及定义》;

GB 1184—1980 《形状和位置公差未注公差的规定》;

GB 1958—1980 《形状和位置公差检测规定》;

GB 4249—1984 《公差原则》。

为了控制形位误差,国家参照国际标准,重新修订了形位公差标准。形位公差标准主要由以下标准组成:

GB/T 1182—1996 《形状和位置公差 通则、定义、符号和图样标注方法》;

GB/T 1184—1996 《形状和位置公差 未注公差值》;

GB/T 13319—2003 《产品几何量技术规范(GPS)几何公差位置度公差注法》;

GB/T 1958—2004 《产品几何量技术规范(GPS)形状和位置公差检测规定》;

GB/T 4249—1996 《公差原则》。

下面着重介绍形位公差的基础内容,如几何要素、形位公差的标注与选用、形位误差及其评定、形位公差的公差带,以及公差原则——处理形位公差与尺寸公差的关系等。

课题 2 形位误差和公差与公差带

知识目标

1)了解形状误差的含义;

2)掌握形位公差的分类;

3)了解位置公差的含义;

4)掌握位置公差的分类。

技能目标

1)会区分不同的形位公差的项目符号;

2)能解释形位公差的项目符号的含义。

实例引入

形位公差在图纸上的标注非常常见,知道其含义吗?

课题完成过程

一、形状误差和形状公差

1. 形状误差

形状误差是指被测实际要素对其理想要素的变动量。理想要素的位置应符合最小条件。形状误差是在零件加工过程中产生的,因此被测实际要素总是存在一定的形状误差。

(1)最小条件

指实际被测要素相对于理想要素的最大变动量为最小。此时,对实际被测要素评定的误差值为最小。

由于符合最小条件的理想要素是唯一的,因此按此评定的形状误差值也将是唯一的,如图4.5所示。

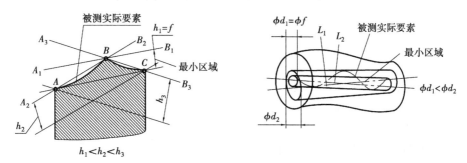

图 4.5

(2)形状误差与公差

形状误差是指单一实际被测要素的形状对其理想要素的变动量。

形状公差是指单一实际被测要素的形状所允许的变动全量,是为限制形状误差而设置的。

形状误差共有 4 种:直线度误差、平面度误差、圆度误差和圆柱度误差。

判断零件形状误差的合格条件为形状误差值小于等于其相应的形状公差值,即 $f \leq t$ 或 $\phi f \leq \phi t$。

2. 形状公差各项目

(1)直线度

直线度公差是被测实际要素对其理想直线的允许变动全量。

用来控制圆柱体的素线、轴线、平面与平面的交线误差。

1)直线度分类

● 在给定平面上的直线度,如图4.6所示。

● 在给定方向上的直线度,如图4.7所示。

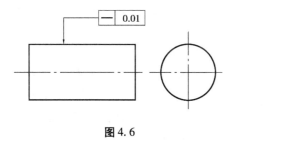

图4.6

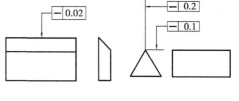

图4.7

● 任意方向上的直线度,如图4.8所示。

2)直线度误差测量

直线度误差的测量仪器有刀口尺、水平仪、自准直仪等。

刀口尺:与被测要素直接接触,从漏光缝的大小判断直线度误差。空隙较大时可用塞尺测量,如图4.9所示。

水平仪测量:将水平仪放在桥板上,先调整被测零件,使被测要素大致处于水平位置,然后沿被测要素按节距移动桥板进行连续测量。

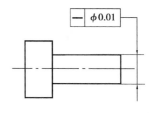

图4.8

31

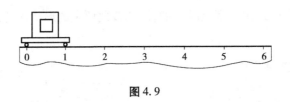

图 4.9

（2）平面度

平面度公差是被测实际要素对理想平面的允许变动全量，用来控制被测实际平面的形状误差。

1）平面度公差带

平面度公差带是距离为公差值 t 的两平行平面间的区域，如图 4.10 所示。

实际平面必须位于间距为公差值 0.1 mm 的两平行平面间区域内。

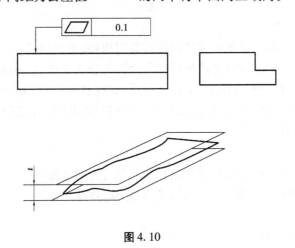

图 4.10

2）平面度误差测量

平面度测量仪器有平晶（图 4.11（a））、平板和带指示表的表架（图 4.11（b））、水平仪、自准直仪和反射镜等。

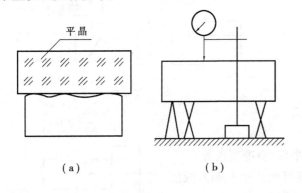

（a）　　　　　　　（b）

图 4.11

须位于半径差为公差值 0.02 mm 的两同心圆区域内。

2）圆度误差测量

用转轴式圆度仪测量的工作原理见图 4.13 所示。测量时将被测零件安置在量仪工作台

（3）圆度

圆度公差是被测实际要素对理想圆的允许变动全量。用来控制回转体表面（如圆柱面、圆锥面、球面等）正截面轮廓的形状误差。

1）圆度公差带

圆度公差带是在同一正截面上半径差为公差值 t 的两同心圆间的区域，如图 4.12 所示。

被测圆柱面任一正截面的轮廓必

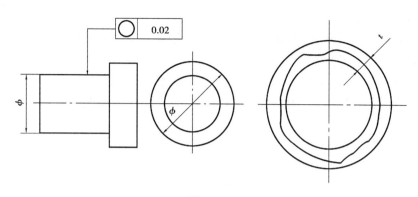

图 4.12

上,调整其轴线与量仪回转轴线同轴。记录被测零件在回转一周内截面各点的半径差,绘制出极坐标图,最后评定出圆度误差。

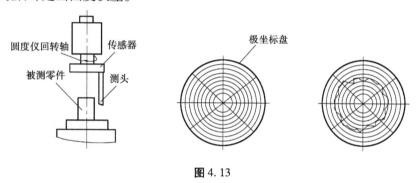

图 4.13

(4)圆柱度

1)圆柱度公差带

圆柱度公差是被测实际要素对理想圆柱所允许的变动全量。用来控制被测实际圆柱面的形状误差。

圆柱度公差可以对圆柱表面的纵、横截面的各种形状误差进行综合控制,如正截面的圆度、素线的直线度、过轴线纵向截面上两条素线的平行度误差等。

圆柱度公差带是半径差为公差值 t 的两同轴圆柱面间的区域 ,如图 4.14 所示。

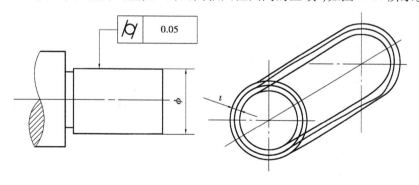

图 4.14

2)圆柱度误差测量

圆柱度误差的测量,可在圆度测量基础上,测头沿被测圆柱表面作轴向运动测得。

二、位置误差和位置公差

位置误差是指关联实际被测要素对其理想要素的变动量。

位置公差是指关联实际被测要素的位置对基准所允许的变动全量,是为了限制位置误差而设置的。

标准规定位置误差有3大类:

1. 定向误差

(1)定向误差

即被测实际要素对具有确定方向的理想要素的变动量,理想要素的方向由基准确定。

定向误差值用定向最小包容区域(简称定向最小区域)的宽度 f 或直径 ϕf 表示,如图4.15所示。

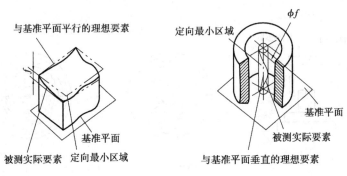

图 4.15

(2)定向公差

定向公差用来控制面对面、面对线、线对面和线对线的平行度误差。包括:平行度、垂直度、倾斜度。

被测要素分为:直线和平面。被测和基准之间关系:线对线、线对面、面对线、面对面。公差带的特点:①相对于基准有确定的方向。②具有综合控制被测要素的方向和形状的能力。

(3)定向误差项目

①平行度公差

平行度公差是限制被测实际要素对基准在平行方向上变动量的一项指标,即用来控制零件上被测要素(平面或直线)相对于基准要素(下面或直线)的方向偏离0°的程度。

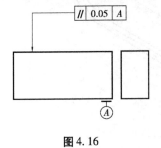

图 4.16

a. 面对面

面对面的平行度公差带为距离为公差值 t 且平行于基准的两平行平面间的区域,如图4.16所示。

b. 线对面

线对面的平行度公差带为距离为公差值 t 且平行于基准的两平行平面间的区域,如图4.17所示。

c. 面对线

面对线的平行度公差带为距离为公差值 t 且平行于基准的两平行平面间的区域,如图 4.18所示。

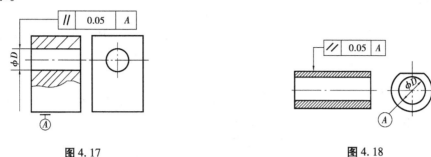

图 4.17   图 4.18

d. 线对线

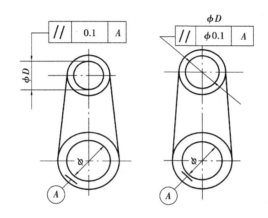

图 4.19

e. 平行度误差测量

测量的仪器有平板和带指示表的表架、水平仪、自准直仪、三坐标测量机等。

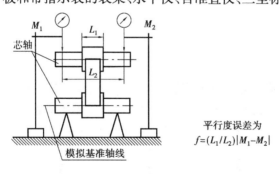

平行度误差为
$f = (L_1/L_2)|M_1 - M_2|$

图 4.20

②垂直度公差

垂直度公差是限制被测实际要素对基准在垂直方向上变动量的一项指标,即用来控制零件上被测要素(平面或直线)相对于基准要素(平面或直线)的方向偏离90°的程度。

③倾斜度公差

倾斜度公差用来控制面对线、线对线、面对面和线对面的倾斜度误差,只是将理论正确角

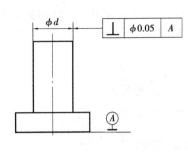

图 4.21

度从 0°或 90°变为 0°~90°的任意角。

图样标注时应将角度值用理论正确角度标出。

(4)定向公差带特点

①定向公差用来控制被测要素相对于基准保持一定的方向(夹角为 0°、90°或任意理论正确角度)。

②定向公差带具有综合控制定向误差和形状误差的能力。因此,在保证功能要求的前提下,对同一被测要素给出定向公差后,不需再给出形状公差,除非对它的形状精度提出进一步要求。

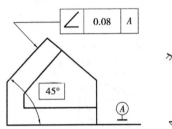
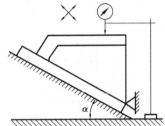

图 4.22

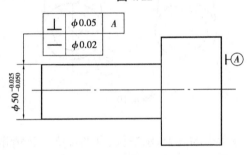

图 4.23

2. 定位误差

(1)定位误差

即被测实际要素对具有确定位置的理想要素的变动量,理想要素的位置由基准和理论尺寸确定。定位公差为关联实际被测要素对具有确定位置的理想要素所允许的变动全量。用来控制点、线或面的定位误差。理想要素的位置由基准及理论正确尺寸(角度)确定。公差带相对于基准有确定位置。

(2)定位误差的分类

1)同轴度

①圆柱面(圆锥面)的轴线可能发生平移、倾斜、弯曲,或同时发生,同轴度是控制轴线间的同轴程度。

同轴度公差带为直径为 ϕt、且轴线与基准轴线重合的圆柱面内的区域。

②同轴度误差测量。同轴度测量仪器有圆度仪、

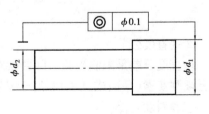

图 4.24

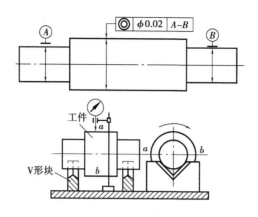

图4.25

三坐标测量机、V形块和带指示表的表架等。

2）对称度

①对称度公差。用来限制轴线或中心面偏离基准直线或中心平面的一项指标,即控制被测要素对基准的对称度误差。理想要素的位置由基准确定。

对称度公差带是距离为公差值 t,中心平面(或中心线、轴线)与基准中心要素(中心平面、中心线或轴线)重合的两平行平面(或两平行直线)之间的区域。

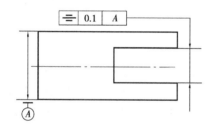

图4.26   图4.27

②对称度误差测量。对称度误差测量仪器有三坐标测量机、平板和带指示表的表架等。

3）位置度

位置度公差用于控制被测点、线、面的实际位置对其理想位置的位置度误差。理想要素的位置由基准及理论正确尺寸确定。根据被测要素的不同,可分为点的位置度、线的位置度及面的位置度。GB 13319—1991《形状和位置公差位置度公差》规定了形状和位置公差中位置度公差的标注方法及其公差带。

位置度公差带对理想被测要素的位置是对称分布的,具有极为广泛的控制功能。原则上,位置度公差可以代替各种形状公差、定向公差和定位公差所表达的设计要求,但在实际设计和检测中还是应该使用最能表达特征的项目。

• 点的位置度

公差带是直径为公差值 ϕt(平面点)或 $S\phi t$(空间点),以点的理想位置为中心的圆或球面内的区域。

• 线的位置度

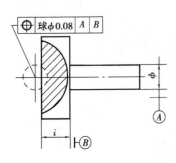

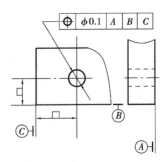

图4.28　　　　　　　　　　　　　　　　　图4.29

任意方向上的线的位置度公差带是直径为公差值ϕt,轴线在线的理想位置上的圆柱面内的区域。

● 成组要素的位置度1

位置度公差不仅适用于零件的单个要素,而且适用于零件的成组要素。

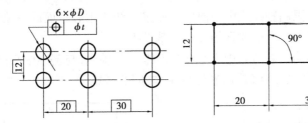

图4.30

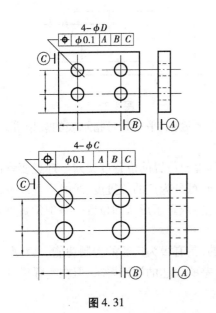

图4.31

成组要素的几何图框:确定一组理想被测要素之间和(或)它们与基准之间正确几何关系的图形。此位置度公差并未标注基准,因此,其几何图框对其他要素的位置是浮动的。

● 成组要素的位置度2

(3)定位公差特点

①定位公差用来控制被测要素相对基准的定位误差。公差带相对于基准有确定的位置。

②定位公差带具有综合控制定位误差、定向误差和形状误差的能力。因此,在保证功能要求的前提下,对同一被测要素给出定位公差后,不再给出定向和形状公差。除非对它的形状或(和)方向提出进一步要求,可再给出形状公差或(和)定向公差。

3. 跳动误差

跳动公差为关联实际被测要素绕基准轴线回转一周或连续回转时所允许的最大变动量。可用来综合控制被测要素的形状误差和位置误差。跳动公差是针对特定的测量方式而规定的公差项目。跳动误差就是指示表指针在给定方向上指示的最大与最小读数之差。

（1）圆跳动

圆跳动公差是关联实际被测要素对理想圆的允许变动量,其理想圆的圆心在基准轴线上。测量时被测实际要素绕基准轴线回转一周,指示表指针无轴向移动。

根据允许变动的方向,圆跳动可以分为径向圆跳动、端面圆跳动和斜向圆跳动3种。

①径向圆跳动

径向圆跳动公差带是在垂直于基准轴线的任一测量平面内、半径差为圆跳动公差值t,圆心在基准轴线上的两同心圆之间的区域。

②端面圆跳动

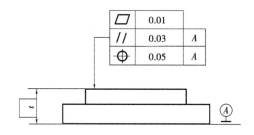

图4.32

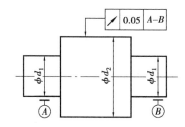

图4.33

端面圆跳动公差带是在以基准轴线为轴线的任一直径的测量圆柱面上、沿其母线方向宽度为圆跳动公差值t的圆柱面区域。

③斜向圆跳动

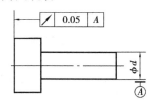

图4.34

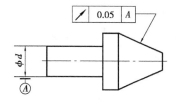

图4.35

斜向圆跳动公差带是在以基准轴线为轴线的任一测量圆锥面上,沿其母线方向宽度为圆跳动公差值t的圆锥面区域。

④圆跳动测量

取各截面(测量圆柱面上)跳动误差的最大值作为该零件的径向(端面)圆跳动误差。通常用端面圆跳动控制端面对基准轴线的垂直度误差。

例外:当实际端面为中凹或中凸,端面圆跳动误差为零时,端面对基准轴线的垂直度误差并不一定为零。

（2）全跳动

全跳动公差是关联实际被测要素对理想回转面的允许变动量。

测量时被测实际要素绕基准轴线连续回转,指示表指针同时做轴向移动。根据允许变动的方向,全跳动可以分为径向全跳动、端面全跳动两种。

①径向全跳动

径向全跳动公差带与圆柱度公差带形状是相同的,但由于径向全跳动测量简便,一般可用

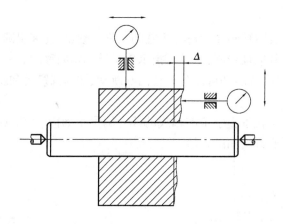

图 4.36

它来控制圆柱度误差,即代替圆柱度公差。

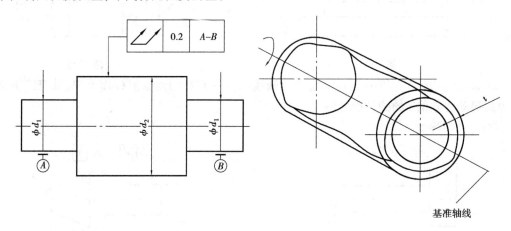

图 4.37

径向全跳动公差带是半径差为公差值 t、以基准轴线为轴线的两同轴圆柱面内的区域。

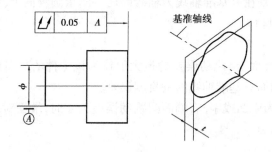

图 4.38

②端面全跳动

端面全跳动公差带是距离为全跳动公差值 t、且与基准轴线垂直的两平行平面之间的区域。

端面全跳动的公差带与端面对轴线的垂直度公差带是相同的,两者控制位置误差的效果也是一样的,对于规定了端面全跳动的表面,不再规定垂直度公差。

端面全跳动误差是被测表面绕基准轴线作无轴向移动的连续回转的同时,指示表做平行(垂直)于基准轴线的直线移动的整个测量过程中指示表的最大读数差。

(3)跳动公差

跳动公差是以测量方法定义的位置公差,是限制一个圆要素的形位误差的综合指标。其特点如下:

①公差带相对于基准轴线有确定的位置;

②可综合控制被测要素的位置、方向和形状。

区分如下:

①径向圆跳动公差带和圆度公差带;

②径向全跳动公差带和圆柱度公差带;

③端面全跳动公差带和平面度公差带。

(4)公差项目符号总结(表4.1)

表 4.1

公差		特征	符号	有或无基准要求	公差		特征	符号	有或无基准要求
形状	形状	直线度	—	无	位置	定时	平行度	//	有
		平面度	▱	无			垂直度	⊥	有
		圆度	○	无			倾斜度	∠	有
		圆柱度	⌭	无		定位	位置度	⊕	有或无
形状或位置	轮廓	线轮廓度	⌒	有或无			同轴(同心)度	◎	有
							对称度	═	有
		面轮廓度	⌓	有或无		跳动	圆跳动	↗	有
							全跳动	↗↗	有

三、形位公差带的组成与应用

1. 形位公差带

形状和位置公差带是指限制实际要素变动的区域,简称为形位公差带。

2. 形位公差带与尺寸公差带的区别

形位公差带与尺寸公差带控制的对象不同。尺寸公差带是用来限制零件实际尺寸的大小,通常是平面的区域;形位公差带是用来限制零件实际被测要素的实际形状和位置变动范围,通常是空间的区域。

3. 形位公差带的组成

形位公差带由形状、大小、方向和位置4个因素确定。

(1)公差带的形状

由被测要素的几何特征和设计要求来确定,它主要有9种形式,具体内容如图4.39所示。

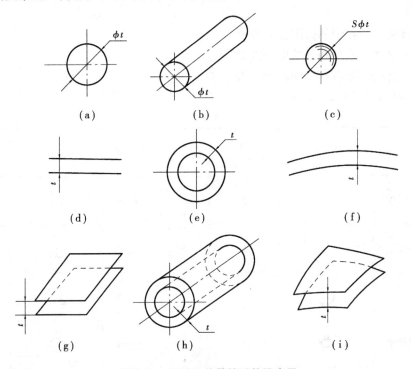

图4.39 形位公差带的形状及应用

(2)公差带的大小

由公差值表示,用以体现形位精度要求的高低,一般指形位公差带的宽度或直径,如图4.39中的 t 或 ϕ, $S\phi$。当公差带为圆形或圆柱形时,公差值前加 ϕ,当公差带为球形时,公差值前加 $S\phi$。

(3)公差带的方向

是指组成公差带的几何要素的延伸方向,分理论方向和实际方向两种。

①形位公差带的理论方向:与图样上公差代号的指引线箭头方向垂直,如图4.40(a)所示的平面度公差带的方向为水平方向;如图4.41(a)所示的垂直度公差带的方向为铅垂方向。

②形位公差带的实际方向:就形状公差带而言,它由最小条件决定,如图4.40(b)所示;就位置公差带来讲,其实际方向应与基准的理想要素保持正确的方向关系,如图4.41(b)所示。

(4)公差带的位置

分为浮动和固定两种。

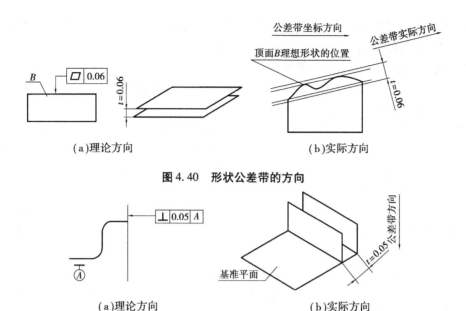

（a）理论方向　　　　　　　　　（b）实际方向

图 4.40　形状公差带的方向

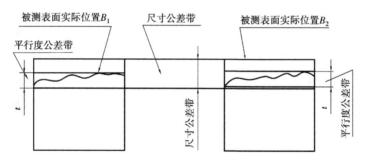

（a）理论方向　　　　　　　　　（b）实际方向

图 4.41　位置公差带的方向

①浮动位置公差带:指形位公差带在尺寸公差带内,随实际尺寸的不同而变动,其实际位置与实际尺寸有关,如图 4.42 所示的平行度公差带的两个不同位置。

被测表面实际位置 B_1　　尺寸公差带　　被测表面实际位置 B_2

平行度公差带

图 4.42　浮动位置公差带

②固定位置公差带:指公差带的位置由图样上给定的基准和理论尺寸确定。如图 4.43 所示的同轴度公差带,其公差带为一圆柱面内的区域,该圆柱面的轴线应和基准在一条直线上,因而其位置由基准确定,此时的理论尺寸为零。理论正确尺寸是指确定理想被测要素的形状、方向、位置的尺寸。此尺寸不附带公差,标注时需画框格,如图 4.43 所示。

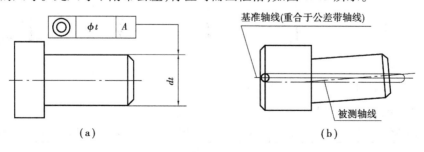

基准轴线(重合于公差带轴线)

被测轴线

（a）　　　　　　　　　　　（b）

图 4.43　固定位置公差带

在形位公差中,属于固定位置公差带的有同轴度、对称度、位置度和有基准要求的轮廓度;如无特殊要求,其他形位公差的公差带位置都是浮动的。

四、形位公差的公差值和公差等级

形位公差的公差值决定形位公差带的宽度或直径,是控制零件误差的重要指标。合理地给出形位公差的公差值,对保证产品质量和降低成本非常重要。

在图样上对形位公差值有两种表示方法:一种是在图样中注出公差值,即在形位公差框格的第二格注出;另一种是在图样上不注出公差值,而用形位公差的未注公差来控制。这种图样上虽未用代号注出,但仍有一定要求的形位公差,称为未注形位公差。

1. 形位公差注出公差值的规定

(1)注出公差值的确定因素

由形位公差等级并依据主参数的大小确定。可见确定形位公差值实际上就是确定形位公差等级。

(2)注出公差值的等级

GB/T 1184—1996 对图样上的注出公差规定了 12 个等级,由 1 级起精度依次降低,6 级与 7 级为基本级。圆度和圆柱度还增加了精度更高的 0 级。

(3)注出公差值的数值系列

①直线度和平面度公差值:如表 4.2 所示,主参数 L 的选择如图 4.44 所示。

表 4.2　直线度和平面度公差值　　　　　　　　　　　　　　（μm）

主参数	公差等级											
L/mm	1	2	3	4	5	6	7	8	9	10	11	12
≤10	0.2	0.4	0.8	1.2	2	3	5	8	12	20	30	60
10～16	0.25	0.5	1	1.5	2.5	4	6	10	15	25	40	80
16～25	0.3	0.6	1.2	2	3	5	8	12	20	30	50	100
20～40	0.4	0.8	1.5	2.5	4	6	10	15	25	40	60	120
40～63	0.5	1	2	3	5	8	12	20	30	50	80	150
63～100	0.6	1.2	2.5	4	6	10	15	25	40	60	100	200
100～160	0.8	1.5	3	5	8	12	20	30	50	80	120	250
160～250	1	2	4	6	10	15	25	40	60	100	150	300
250～400	1.2	2.5	5	8	12	20	30	50	80	120	200	400
400～630	1.5	3	6	10	15	25	40	60	100	150	250	500
630～1 000	2	4	8	12	20	30	50	80	120	200	300	600
1 000～1 600	2.5	5	10	15	25	40	60	100	150	250	400	800
1 600～2 500	3	6	12	20	30	50	80	120	200	300	500	1 000
2 500～4 000	4	8	15	25	40	60	100	150	250	400	600	1 200
4 000～6 300	5	10	20	30	50	80	120	200	300	500	800	1 500
6 300～10 000	6	12	25	40	60	100	150	250	400	600	1 000	2 000

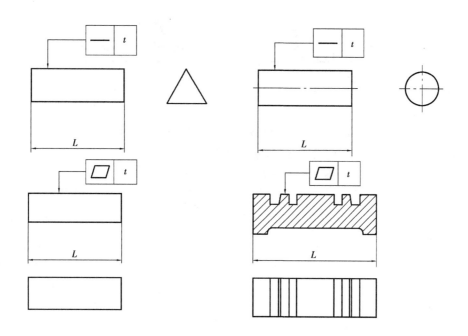

图 4.44　直线度和平面度公差值的主参数 L

表 4.3　圆度和圆柱度公差值　　　　　　　　　　　　　　　　　　　　（μm）

主参数	公差等级												
$d(D)$/mm	0	1	2	3	4	5	6	7	8	9	10	11	12
≤3	0.1	0.2	0.3	0.5	0.8	1.2	2.0	3.0	4.0	6.0	10	14	25
3～6	0.1	0.2	0.4	0.6	1.0	1.5	2.5	4.0	5.0	8.0	12	18	30
6～10	0.12	0.25	0.4	0.6	1.0	1.5	2.5	4.0	6.0	9.0	15	22	36
10～18	0.15	0.25	0.5	0.8	1.2	2.0	3.0	5.0	8.0	11	18	27	43
18～30	0.2	0.3	0.6	1.0	1.5	2.5	4.0	6.07	9.0	13	21	33	52
30～50	0.25	0.4	0.6	1.0	1.5	2.5	4.0	.0	11	16	25	39	62
50～80	0.3	0.5	0.8	1.2	2.0	3.0	5.0	8.0	13	19	30	46	74
80～120	0.4	0.6	1.0	1.5	2.5	4.0	6.0	10	15	22	35	54	87
120～180	0.6	1.0	1.2	2.0	3.5	5.0	8.0	12	18	25	40	63	100
180～250	0.8	1.2	2.0	3.0	4.5	7.0	10	14	20	29	46	72	115
250～315	1.0	1.6	2.5	4.0	6.0	8.0	12	16	23	32	52	81	130
315～400	1.2	2.0	3.0	5.0	7.0	9.0	13	18	25	36	57	89	140
400～500	1.5	2.5	4.0	6.0	8.0	10	15	20	27	40	63	97	155

②圆度和圆柱度公差值:如表 4.3 所示,主参数 $d(D)$ 的选择如图 4.45 所示。

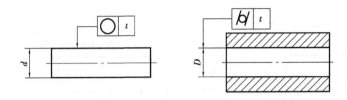

图 4.45 圆度和圆柱度公差值的主参数 $d(D)$

③平行度、垂直度和倾斜度公差值:如表 4.4 所示,主参数 $L,d(D)$ 的选择如图 4.46 所示。

表 4.4 平行度、垂直度和倾斜度公差值　　　　　　　　　　　　　　　　　　　（μm）

主参数 L/mm	公差等级											
	1	2	3	4	5	6	7	8	9	10	11	12
≤10	0.4	0.8	1.5	3	5	8	12	20	30	50	80	120
10~16	0.5	1	2	4	6	10	15	25	40	60	100	150
16~25	0.6	1.2	2.5	5	8	12	20	30	50	80	120	200
20~40	0.8	1.5	3	6	10	15	25	40	60	100	150	250
40~63	1	2	4	8	12	20	30	50	80	120	200	300
63~100	1.2	2.5	5	10	15	25	40	60	100	150	250	400
100~160	1.5	3	6	12	20	30	50	80	120	200	300	500
160~250	2	4	8	15	25	40	60	100	150	250	400	600
250~400	2.5	5	1 012	20	30	50	80	120	200	300	500	800
400~630	3	6	15	25	40	60	100	150	250	400	600	1 000
630~1 000	4	8	20	30	50	80	120	200	300	500	800	1 200
1 000~1 600	5	10	25	40	60	100	150	250	400	600	1 000	1 500
1 600~2 500	6	12	30	50	80	120	200	300	500	800	1 200	2 000
2 500~4 000	8	15	40	60	100	150	250	400	600	1 000	1 500	2 500
4 000~6 300	10	20	50	80	120	200	300	500	800	1 200	2 000	3 000
6 300~10 000	12	25		100	150	250	400	600	1 000	1 500	2 500	4 000

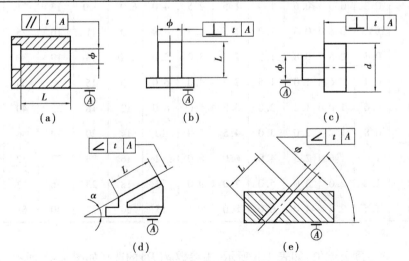

图 4.46 平行度、垂直度和倾斜度公差值的主参数 $L,d(D)$

④同轴度、对称度、圆跳动和全跳动公差值:如表4.5所示,主参数 $L,B,d(D)$ 的选择如图4.47所示。

表4.5 同轴度、对称度、圆跳动和全跳动公差表 (μm)

主参数 L/mm	公差等级											
	1	2	3	4	5	6	7	8	9	10	11	12
≤1	0.4	0.6	1	1.5	2.5	4	6	10	15	25	40	60
1~3	0.4	0.6	1	1.5	2.5	4	6	10	20	40	60	120
3~6	0.5	0.8	1.2	2	3	5	8	12	25	50	80	150
6~10	0.6	1	1.5	2.5	4	6	10	15	30	60	100	200
10~18	0.8	1.2	2	3	5	8	12	20	40	80	120	250
18~30	1	1.5	2.5	4	6	10	15	25	50	100	150	300
30~50	1.2	2	3	5	8	12	20	30	60	120	200	400
50~120	1.5	2.5	4	6	10	15	25	40	80	150	250	500
120~250	2	3	5	8	12	20	30	50	100	200	300	600
250~500	2.5	4	6	10	15	25	40	60	120	250	400	800
500~800	3	5	8	12	20	30	50	80	150	300	500	1 000
800~1 250	4	6	10	15	25	40	60	100	200	400	600	1 200
1 250~2 000	5	8	12	20	30	50	80	120	250	500	800	1 500
2 000~3 150	6	10	15	25	40	60	100	150	300	600	1 000	2 000
3 150~5 000	8	12	20	30	50	80	120	200	400	800	1 200	2 500
5 000~8 000	10	15	25	40	60	100	150	250	500	1 000	1 500	3 000
8 000~10 000	12	20	30	50	80	120	200	300	600	1 200	2 000	4 000

⑤位置度公差值:仅给出一个数系表,如表4.6所示,表中的 n 为正整数,它没有主参数、精度等级、公差值。

表4.6 位置度公差值的数系 (μm)

1	1.2	1.5	2	2.5	3	4	5	6	8
1×10^n	1.2×10^n	1.5×10^n	1×10^n	2.5×10^n	3×10^n	4×10^n	5×10^n	6×10^n	8×10^n

⑥轮廓度公差值:没有规定统一的公差值。

(4)公差值选择的原则

①在满足零件功能要求的前提下,选择的公差值应考虑加工的经济性。

②零件各要素的形位公差主要遵循独立原则,只有少数情况下才与尺寸有相互制约关系。

③应以主参数来选择数值,必要时也应考虑其他参数,如确定同轴度公差值时,应考虑其轴线的长度。

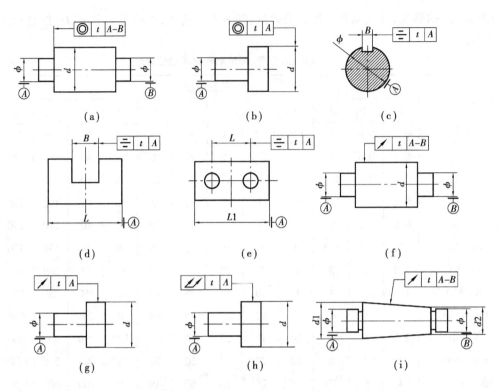

图 4.47　同轴度、对称度、圆跳动和全跳动公差值的主参数 $L, B, d(D)$

④同一要素上,单项公差值小于综合公差值,如直线度公差值应小于同要素的平面度公差值。形状公差值小于位置公差值,如同轴度公差值应小于圆跳动公差值,而圆跳动公差值则应小于全跳动公差值。

⑤对于下列情况,要考虑到加工的难易程度和除主参数外其他参数的影响,适当降低成本 1 至 2 级选用:

● 孔相对于轴;

● 细长比较大的轴或孔;

● 距离较大的轴或孔;

● 宽度较大(一般大于 1/2 长度)的零件表面;

● 线对线和线对面相对于面对面的平行度;

● 线对线和线对面相对于面对面的垂直度。

2. 形位公差未注公差值的规定

(1)未注公差值的基本规定

未注公差值符合工厂的常用精度等级,不需在图样上注出。零件采用未注形位公差值,其精度由设备保证,一般不需要检验,只有在仲裁时或为掌握设备精度时才需要对批量生产的零件进行首检或抽检。采用了未注形位公差后可节省设计时间,使图样清晰易读,并突出了零件上形位精度要求较高的部位,便于更合理地安排加工和检验,以更好地保证产品的工艺性和经济性。

(2)未注出形位公差值的数值

①GB/T 1184—1996 规定了直线度、平面度、垂直度、对称度和圆跳动的未注公差值及未注公差等级分为 H,K,L 三个,其中 H 为高级,K 为中间级,L 为低级,如表4.7 至表4.11 所示。表中确定基本长度的选择:对于直线度应按其相应线的长度确定;对于平面度应按其表面较长的一侧或圆表面的直径确定;对于垂直度和对称度,取两要素中较长者为基准,较短者为被测要素(两者相同时可任取),以被测要素的长度确定基本长度;对于圆跳动应选择设计给出的支承面为基准要素,如无法选择支承面,则对于径向圆跳动应取两要素中较长者为基准要素,如两要素的长度相同可任取其一为基准要素,对于端面和斜向圆跳动的基准要素为支承它的轴线。

表4.7 直线度和平面度的未注公差值 （μm）

公差等级	基本长度范围					
	≤10	10~30	30~100	100~300	300~1 000	1 000~3 000
H	0.02	0.05	0.1	0.2	0.3	0.4
K	0.05	0.1	0.2	0.4	0.6	0.8
L	1	0.2	0.4	0.8	1.2	1.6

表4.8 垂直度的未注公差值 （μm）

公差等级	基本长度范围			
	≤100	100~300	300~1 000	1 000~3 000
H	0.2	0.3	0.4	0.5
K	0.4	0.6	0.8	1
L	0.6	1	1.5	2

表4.9 对称度的未注公差值 （μm）

公差等级	基本长度范围			
	≤100	100~300	300~1 000	1 000~3 000
H	0.5			
K	0.6		0.8	1
L	0.6	1	1.5	2

表4.10 圆跳动的未注公差值 （μm）

公差等级	圆跳动公差值
H	0.1
K	0.2
L	0.5

表4.11　GB 1958—1980 规定的五种检测原则

编号	检测原则名称	说　明	示　例
1	与理想要素比较原则	将被测实际要素与其理想要素相比较,量值由直接法或间接法获得　理想要素用模拟方法获得	1. 量值由直接法获得　模拟理想要素　2. 量值由间接法获得　自准直仪 模拟理想要求　反射镜
2	测量坐标值原则	测量被测实际要素的坐标值(如直角坐标值、极坐标值、圆柱面坐标值),并经过数据处理获得形位误差值	测量直角坐标值
3	测量特征参数原则	测量被测实际要素上具有代表性的参数(即特征参数)来表示形位误差值	两点法测量圆度特征参数　测量截面

续表

编号	检测原则名称	说　明	示　　例
4	测量跳动原则	被测实际要素绕基准轴线回转过程中,沿给定方向测量其对某参考点或线的变动量 变动量是指指示器最大与最小读数之差	测量径向跳动
5	控制实效边界原则	检验被测实际要素是否超过实效边界,以判断合格与否	用综合量规检验同轴度误差

②标准规定:圆度未注公差值等于标注的直径公差值,但不能大于径向圆跳动未注公差值。圆柱度的未注公差值不做规定,而将其分为圆度、直线度和相对素线的平行度3个部分,即由这3部分的注出或未注公差控制。平行度未注公差值等于给出的尺寸公差值,或是直线度和平面度未注公差值中的相应公差值取较大者。同轴度的未注公差值未做规定,在极限状况下可与径向圆跳动的未注公差值相等。

③标准规定:线、面轮廓度、倾斜度、位置度和全跳动均应由各要素的注出或未注形位公差、线性尺寸公差或角度公差来控制。

3. 未注形位公差值的标注

1)采用GB/T 1184所规定的未注公差值,应在其标题栏附近或在技术要求、技术文件中注出标准号及公差等级,如采用高公差等级时,应标注"GB/T 1184. H"。

2)如企业已制定了GB/T 1184的本企业标准,并统一规定了所采用的等级则不必注定标准号及精度等级。

3)在同一张图样中,其未注公差值应采用同一等级。

五、形位误差检测原则

由于零件的结构形式多样,形位误差的项目又较多,所以检测方法也很多。国标《形状和位置公差检测规定》规定了形位误差检测的5条原则,这些原则是各种检测方案的概括。

检测时根据被测对象的特点和有关条件,按照国标规定可选出最合理的检测方案。

课题3　形位公差标注

知识目标

1）了解形位公差标注的内容；

2）理解形位公差标注的含义。

技能目标

1）能根据形位公差标注阐述其含义；

2）能根据题意标注形位公差。

实例引入

形位公差标注的各组成部分,知道如何标注吗?

课题完成过程

一、形位公差标注的内容

按形位公差国家标准的规定,在图样上标注形位公差时,应采用代号标注。

无法采用代号标注时,允许在技术条件中用文字加以说明。

形位公差的代号包括:形位公差项目的符号、框格、指引线、公差数值、基准符号以及其他有关符号。

1.公差框格

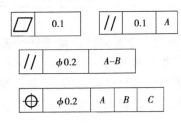

图4.48

形位公差的框格有两格或多格组成。

第一格填写公差项目的符号；

第二格填写公差值及有关符号；

第三、四、五格填写代表基准的字母及有关符号,如图4.48所示。

2.框格指引线

标注时指引线可由公差框格的一端引出,并与框格端线垂直,箭头指向被测要素,箭头的方向是公差带宽度方向或直径方向,如图4.49所示。

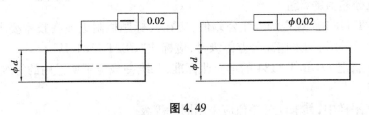

图4.49

3.基准

基准代号的字母采用大写拉丁字母。

为避免混淆,标准规定不许采用 E、I、J、M、O、P、L、R、F 等字母。

基准的顺序在公差框格中是固定的 ,如图4.50所示。

无论基准符号在图样上的方向如何,圆圈内的字母要水平书写,如图4.51所示。

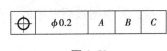

图4.50

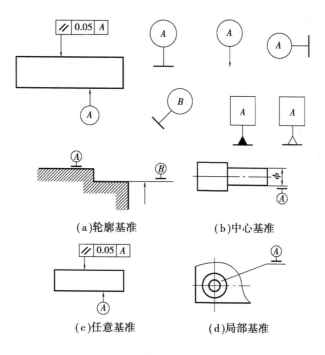

(a)轮廓基准   (b)中心基准

(c)任意基准   (d)局部基准

图 4.51

4. 形位公差标注的简化(见图 4.52)

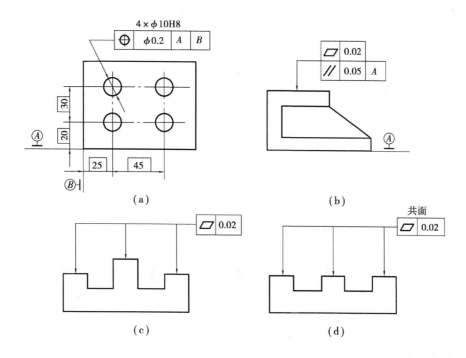

（a）   （b）

（c）   （d）

图 4.52

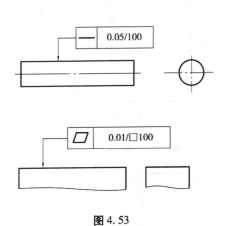

图 4.53

5. 其他标注

1) 如果对被测要素任意局部范围内的公差要求,应将该局部范围的尺寸(长度、边长或直径)标注在形位公差值的后面,用斜线相隔,如图 4.53 所示。

2) 如仅对要素的某一部分提出公差要求,则用粗点画线表示其范围,并加注尺寸。

3) 同理,如要求要素的某一部分作为基准,该部分也应用粗点画线表示并加注。

二、被测要素的标注方法

1) 当被测要素为轮廓线或为有积聚性投影的表面时,将箭头置于要素的轮廓线或轮廓线的延长线上,并与尺寸线明显错开,如图 4.54(a)、(b)所示。

2) 当被测表面的投影为面时,箭头可置于带点的参考线上,该点指在表示实际表面的投影上,如图 4.54(c)所示。

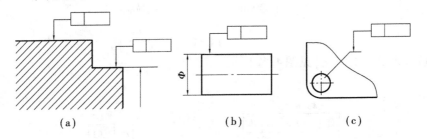

(a)   (b)   (c)

图 4.54 被测要素为轮廓要素时的标注

3) 当被测要素为中心要素,即轴线、中心平面或由带尺寸的要素确定的点时,则指引线的箭头应与确定中心要素的轮廓尺寸线对齐,如图 4.55 所示。

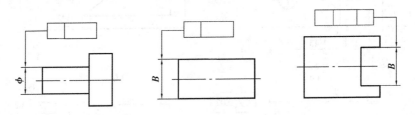

图 4.55 被测要素为中心要素时的标注

4) 对同一要素有两个或两个以上的公差特征项目要求且测量方向相同时,可将一个公差框格放在另一个公差框格的下面,用一根指引线指向被测要素,如图 4.56(a)所示。如果测量方向不完全相同,则应将测量方向不同的项目分开标注,如图 4.56(b)所示。

5) 当不同的被测要素有相同的形位公差要求时,可以从框格引出的指引线上绘制出多个指示箭头,分别指向各被测要素,如图 4.57(a)、(b)所示。当用同一公差带控制几个被测要素时,可采用如图 4.57(c)、(d)所示的方法,在公差框格上方注明"共面"或"共线"。

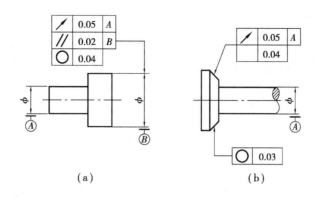

图 4.56　同一被测要素有多项公差要求时的标注

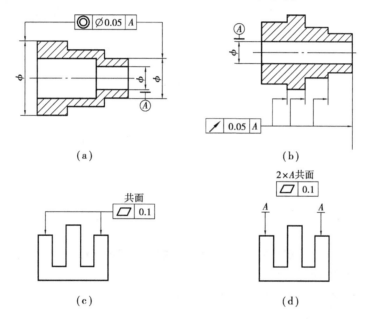

图 4.57　不同被测要素有相同形位公差要求时的标注

三、基准要素的标注方法

1)当基准要素为轮廓线或为有积聚性投影的表面时,将基准符号置于轮廓线上或轮廓线的延长线上,并使基准符号中的连线与尺寸线明显错开,如图4.58(a)所示。

2)当基准要素的投影为面时,基准符号可置于用圆点指向实际表面的投影参考线上,如图4.58(b)所示。

3)当基准要素为中心要素,即轴线、中心平面或由带尺寸的要素确定的点时,则基准符号中的连线应与确定中心要素的轮廓尺寸线对齐,如图4.58(c)、(d)、(c)所示。

四、形位公差标注中的问题处理

1.限定被测要素或基准要素的范围

如仅对要素的某一部分给定形位公差要求,如图4.59(a)所示,或以要素的某一部分作为基准时,如图4.59(b)所示,画线表示其范围并加注尺寸。

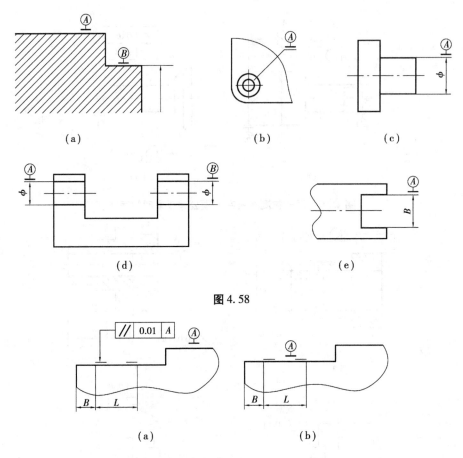

图 4.58

图 4.59　限定被测要素或基准要素的范围

2. 对公差数值有附加说明时的标注

如对公差数值在一定的范围内有附加的要求时，可采用如图 4.60 所示的标注方法。

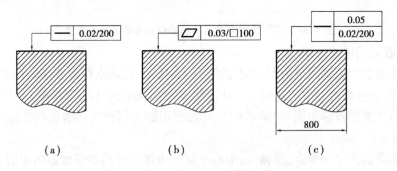

图 4.60　公差值有附加说明时的标注

图 4.60(a)表示在任意 200 mm 长度上，直线度公差为 0.02 mm；

图 4.60(b)表示被测表面在任意 100 mm × 100 mm 的正方形表面上，平面度公差为 0.03 mm；

图 4.60(c)表示在被测要素的 800 mm 全长上，直线度公差为 0.05 mm，在任意 200 mm 长

度上,直线度公差为 0.02 mm。

3. 形位公差有附加要求时的标注

（1）用符号标注

采用符号标注时,可在相应的公差数值后加注有关符号,如图 4.61 所示。

图 4.61（a）表示素线直线度公差为 0.02 mm,若有素线直线度误差,只允许中间向材料外凸起;

图 4.61（b）表示平面度公差为 0.02 mm,若有平面度误差,只允许中间向材料外凹下;

图 4.61（c）表示圆柱度公差为 0.03 mm,若有圆柱度误差,只允许圆柱直径尺寸从左至右逐渐减小;

图 4.61（d）表示平行度公差为 0.02 mm,若有平行度误差,只允许两平行面（或线）之间的距离从右至左逐渐减小。

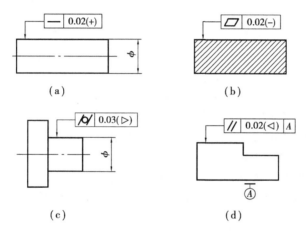

图 4.61　用符号表示附加说明

（2）用文字说明

为了说明公差框格中所标注的形位公差的其他附加要求,或为了简化标注方法,可以在公差框格的上方或下方附加文字说明:

①属于被测要素数量的说明,应写在公差框格的上方;

②属于解释性的说明,应写在公差框格的下方。

图 4.62（a）表示 6 个键槽分别对基准 A 的对称度公差为 0.04 mm;

图 4.62（b）表示两端圆柱面的圆度公差同为 0.004 mm;

图 4.62（c）表示内圆锥面对外圆柱面的轴线在离轴端 300 mm 处的斜向圆跳动公差为0.03 mm;

图 4.62（d）说明在未画出导轨长向视图时,可借用其横剖面标注长向直线度公差。

巩固与练习

一、简答题

1）形位公差有那些特征项目？各用什么符号表示？

2）画出形位公差的代号和基准符号,并说明各组成部分的含义。

3）什么是零件的几何要素？它们是如何分类的？

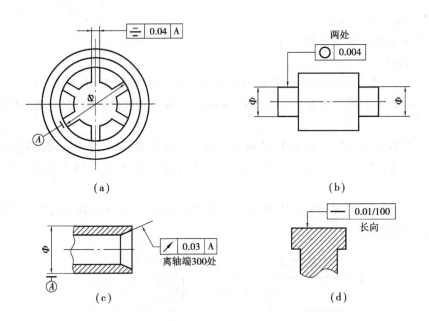

图 4.62　用文字说明附加要求

4）单一要素和关联要素的定义如何？它们各应用于什么场合？

5）什么是轮廓要素和中心要素？它们之间最明显的区别是什么？

6）什么是形状误差和形状公差？

7）什么是位置误差和位置公差？它们是如何分类的？

8）指出如图 4.63 所示形位公差要求中的被测要素和基准要素（如果有基准要素）。

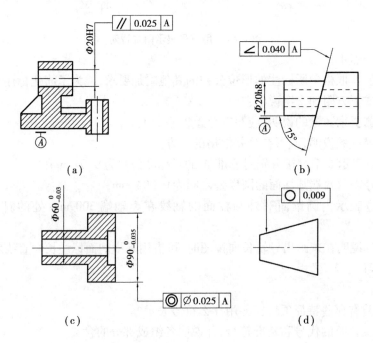

图 4.63

二、标注题

（1）试将下列各项形位公差要求标注在如图 4.64 所示的图样上。

1）φ100h8 圆柱面对 φ40H7 孔轴线的圆跳动公差为 0.015 mm。

2）左、右两凸台端面对 φ40H7 孔轴线的圆跳动公差为 0.02 mm。

3）轮毂键槽中心平面对 φ40H7 孔轴线的对称度公差为 0.03 mm。

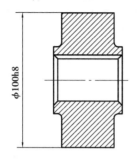

图 4.64

（2）试将下列各项形位公差要求标注在如图 4.65 所示的图样上。

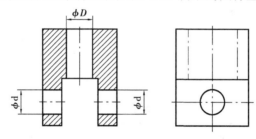

图 4.65

1）两个 φd 轴线对其公共轴线的同轴度公差均为 0.03 mm。

2）φD 轴线对两个 φd 公共轴线的垂直度公差为 0.02 mm/100 mm。

（3）试说明如图 4.66 所示形位公差代号标注的意义。

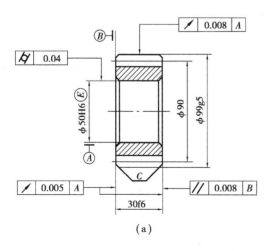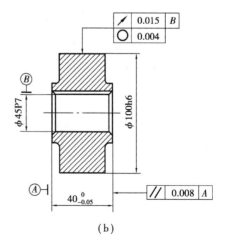

（a）　　　　　　　　　　　　　（b）

图 4.66

三、填空题

将如图4.67所示的形位公差标注做出解释,并按要求在表4.12中填空。

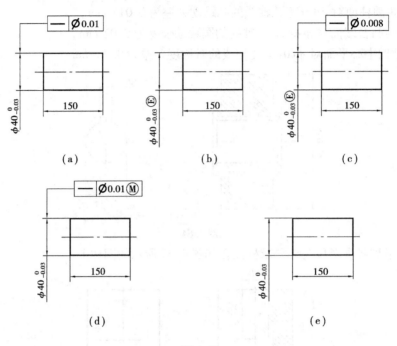

图4.67

表4.12

图样序号	采用的 公差原则	理想边界名称 及边界尺寸	给定的形状 公差值	允许的最大 形状误差值	实际尺寸 合格范围
(a)					
(b)					
(c)					
(d)					
(e)					

项目 5　表面粗糙度

项目内容　1）表面粗糙度的定义和影响；

　　　　　　2）表面粗糙度的评定；

　　　　　　3）表面粗糙度的选择与标注。

项目目标　1）了解表面粗糙度的定义；

　　　　　　2）了解表面粗糙度的评定标准；

　　　　　　3）掌握表面粗糙度的标注。

项目实施过程

课题 1　表面粗糙度的定义和影响

知识目标

1）了解表面粗糙度的定义；

2）了解表面粗糙度对互换性的影响。

技能目标

能指出表面粗糙度对零件的影响。

实例引入

在机械加工后，由于各种原因，零件的表面会出现以下的实际情况，如图 5.1 所示。

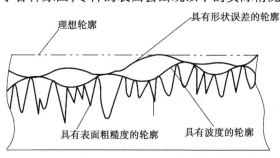

图 5.1

课题完成过程

一、表面粗糙度的定义

1. 表面粗糙度

在零件加工表面存在的一种由较小间距和微小峰谷形成的微观几何形状误差。

2. 几何形状误差的分类

1）宏观几何形状　$\lambda > 10$ mm；

2）表面波度　1 mm $< \lambda < 10$ mm；

3）表面粗糙度 $\lambda < 1$ mm。

二、表面粗糙度对互换性的影响

1. 影响零件的耐磨性能

表面越粗糙，零件的摩擦系数就越大，摩擦阻力也越大，两个相对运动的表面磨损越快。

2. 降低零件的疲劳强度

表面越粗糙，微观不平的凹痕就越深，在交变应力影响下，应力集中作用更加严重，造成疲劳强度降低，导致材料损坏。

3. 影响配合的稳定性能

对于过盈配合，由于装配表面的微观凸峰被挤平，使孔轴之间实际有效过盈减少，降低了连接强度。对于间隙配合，零件的表面因粗糙不平，被迅速磨损，使间隙加大。

4. 影响接触刚度

表面越粗糙，表面间接触面积就越小，相对来说单位面积受力就增大，造成峰顶的局部塑性变形加大，刚度下降，影响零件的配合精度。

5. 影响零件的抗腐蚀性能

表面越粗糙，越易使腐蚀性物质附着于表面的微观凹谷，并渗入到金属内层，造成表面锈蚀。

另外，表面粗糙度对零件的密封性和外观性都有影响。

因此，在进行产品设计时，必须对零件的表面粗糙度提出合理的要求。

课题 2 表面粗糙度的评定

知识目标

1）了解表面粗糙度的基本术语及定义；

2）了解表面粗糙度评定参数。

技能目标

掌握 R_a 和 R_z 的含义。

实例引入

零件看似光滑的表面，实际其微观情况如图 5.2 所示。如何衡定其表面粗糙度呢？

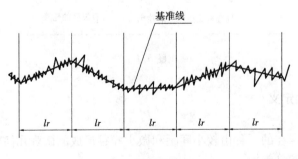

图 5.2

课题完成过程

一、评定的基本内容

表面粗糙度标准有:《产品几何技术规范 表面结构 轮廓法 表面结构的术语、定义及参数》(GB/T 3505—2000)、《表面粗糙度 参数及其数值》(GB/T1031—1995)、《机械制图 表面粗糙度符号、代号及其注法》(GB/T 131—1993)。

基本术语及定义(GB/T 3505—2000)

1. 取样长度(lr)

用于判别被评定轮廓的不规则特征的 X 轴方向上的长度,即具有表面粗糙度特征的一段基准线长度。

X 轴的方向与轮廓总的走向一致,一般应包括 5 个以上的波峰和波谷,如图 5.2 所示。

2. 评定长度(ln)

由于多种原因,加工好零件的表面粗糙度肯定不均匀,因此,在一个取样长度范围不能合理地反映一个表面粗糙度特征。在检测和评定时,需要规定一个必要的长度作为评定长度。一般取 $ln = 5lr$。

可包括一个或几个取样长度,如图 5.3 所示。

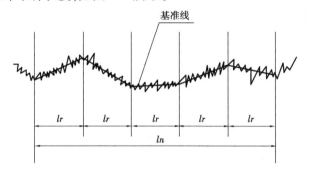

图 5.3

3. 轮廓中线

轮廓中线是用以评定表面粗糙度参数的一条参考线,又称为基准线,用 m 表示,在取样长度内与实际轮廓走向一致。基准线有以下两种。

(1)轮廓的算术平均中线

算术平均中线是在取样长度内,将实际轮廓划分成上、下两个部分,并且使上、下两部分面积相等的参考线,如图 5.4 所示。即

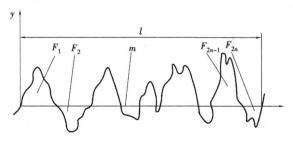

图 5.4 算术平均中线

$$F_1 + F_3 + F_5 + \cdots + F_{2n+1} = F_2 + F_4 + F_6 + \cdots + F_{2n}$$

（2）轮廓的最小二乘中线

最小二乘中线是在取样长度内，使轮廓上各点的纵坐标 y 值的平方和为最小的参考线，如图5.5所示。

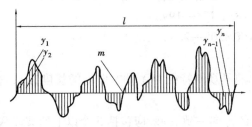

图5.5　轮廓的最小二乘线

4. 轮廓峰高

即轮廓最高点到中线的距离，如图5.6所示。

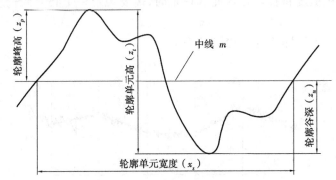

图5.6　轮廓单元参数

5. 轮廓谷深

即轮廓最低点到中线的距离，如图5.6所示。

6. 轮廓单元的高度

一个轮廓单元的峰高和谷深之和，如图5.6所示。

$$z_t = z_p + z_v$$

二、表面粗糙度的评定参数

1. 与高度有关的参数（幅度参数）

（1）轮廓的算术平均偏差

在一个取样长度 l_n 范围内，轮廓上各点到基准线的绝对值的算术平均值，称之为算术平均偏差 R_a，如图5.7所示。

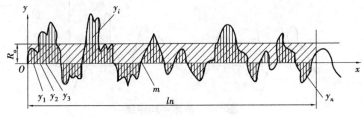

图5.7　算术平均偏差 R_a

用公式表示为

$$R_a = \frac{1}{l} \int_0^l |y(x)| \, \mathrm{d}x \tag{5.1}$$

近似表达式为

$$R_a = \sum_{i=1}^{n} |y_i/n| \tag{5.2}$$

式中　$y(x)$——轮廓偏离中线 m 的距离；

　　　y_i——第 i 点的距离。

（2）轮廓的最大高度

在一个取样长度 l_n 范围内，最大轮廓峰的高度 z_p 和最大轮廓谷的深度 z_v 之和，称之为轮廓的最大高度 R_z，如图 5.8 所示。

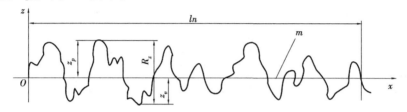

图 5.8　轮廓最大高度 Rz

用公式表示为

$$R_z = R_p + z_v \tag{5.3}$$

式中　z_p——轮廓最大峰高；

　　　z_v——轮廓最大谷深。

2. 附加评定参数

附加评定参数包括间距参数和曲线及相关参数，本书不作要求。

3. 幅度参数

幅度参数是基本评定参数，国家标准规定了 R_a 和 R_z 等幅度参数的数值系列，如表 5.1 和表 5.2 所示。设计时，优先选用规定值。

表 5.1　常用轮廓算术平均偏差（摘自 GB/T1031—1995）　　　　　（μm）

规定值	补充值	规定值	补充值	规定值	补充值	规定值	补充值	规定值	补充值
			0.80		8.0		80	800	
0.100			1.00		10.0	100			1 000
	0.125		1.25	12.5			125		1 250
	0.160	1.60			16.0		160	1 600	
0.20			2.0		20	200			
	0.25	2.5		25			250		
	0.32	3.2			32		320		
0.40			4.0		40	400			
	0.50	5.0		50			500		
	0.63	6.3			63		630		

表5.2　轮廓最大高度 R_z 的数值（摘自 GB/T1031—1995）　　　　（μm）

规定值	补充值	规定值	补充值	规定值	补充值	规定值	补充值	规定值	补充值
0.025			0.25		2.5	25			290
	0.032		0.32	3.2			32		320
	0.040	0.40			4.0		40	400	
0.050			0.50		5.0	50			500
	0.063		0.63	6.3			63		630
	0.080	0.80			8.0		80	800	
0.100			1.00		10.0	100			1 000
	0.125		1.25	12.5			125		1 250
	0.160	1.60			16.0		160	1 600	
0.20			2.0		20	200			

课题3　表面粗糙度的选择与标注

知识目标

1）了解表面粗糙度的选择原则；

2）理解表面粗糙度标注。

技能目标

能解释表面粗糙度标注的含义。

实例引入

课题完成过程

一、表面粗糙度的选择

由于表面粗糙度对零件的使用性能有很多影响，因此在选取表面粗糙度的评定参数时，应在满足零件功能要求的前提下，充分考虑加工工艺的可行性和经济性。

1. 表面粗糙度评定参数的选择

表面粗糙度的评定参数中，高度参数（R_a，R_z）为基本参数。另有3个附加参数（间距参数和曲线及相关参数），本书不作要求。

在常用的高度参数中，R_a 对表面微观几何形状高度方面的特性反映的最充分，用触针式电动轮廓仪检测 R_a 也较方便，所以普遍采用 R_a 作为光滑表面和半光滑表面的评定参数。

但对于极光滑和极粗糙的表面（$R_a > 6.3\ \mu m$ 或 $R_a < 0.02\ \mu m$），由于受电动轮廓仪功能的影响，不宜选用 R_a 作为评定参数，而应选用 R_z 作为评定参数。因为在这个范围内检测 R_z 的仪器使用起来比较方便。

2. 评定参数值的选择

表面粗糙度参数值选用的是否合理,一是关系到零件的使用性能,二是关系到零件的生产成本。在零件设计时,应在满足零件功能的前提下,考虑生产工艺的可行性和经济性。一般说来,选用的表面粗糙度参数值越小,零件的使用性能越好,工作寿命也越长。但为了得到粗糙度小的表面,零件可能要经过复杂的工艺过程,加工成本会急剧增高。所以在满足使用功能的前提下,尽可能选用较大的表面粗糙度参数值,以降低加工成本。

在使用过程中,因零件的功能和粗糙度之间关系比较复杂,很难按零件表面功能要求确定表面粗糙度的参数值,所以,除了特殊要求的表面外,常用类比法来确定零件的表面粗糙度参数值。

表面粗糙度参数值具体选定方法如下:先根据现有统计资料初定一个表面粗糙度参数值,然后再对照现有工作条件适当做些调整,调整时应注意以下几点。

1)对同一个零件,工作表面的粗糙度参数值应比非工作表面小。

2)摩擦表面比非摩擦表面的粗糙度参数值小;滚动摩擦表面比滑动表面的粗糙度参数值小。

3)受交变应力作用的表面及应力易集中的表面和速度高、所受压强大的表面粗糙度参数值要小。

4)对配合性质要求稳定的配合表面,粗糙度参数值要小;对配合性质相同的表面,小尺寸结合面比大尺寸结合面粗糙度参数值要小;公差等级相同时,轴比孔的粗糙度参数值要小。

5)表面粗糙度参数值与尺寸公差及形状公差要协调。一般来说,尺寸公差及形状公差参数值小,表面粗糙度参数值也小。但是,表面粗糙度参数值和尺寸、形状公差之间不存在任何函数关系。有些东西如医疗机械、机床手轮等零件表面,对尺寸公差、形状公差要求不高,但对表面粗糙度要求却很高。

6)对于密封性、防腐性要求高的表面或要求美观的外表面,表面粗糙度参数值应小些。

7)凡有关标准对表面粗糙度参数值已有要求(如量规、键槽、轴承),则设计中应按标准要求的表面粗糙度参数值选用。

表 5.3 所示列出了表面粗糙度在一般情况下和尺寸公差及形状公差之间的对应关系;表 5.4 所示列出了一些常用表面粗糙度的参数值;表 5.5 所示列出了表面粗糙度的一些选用实例,可供参考。

表 5.3　R_a、R_z 与尺寸公差 T 及形状公差 t 之间的关系

级　别	T 和 t 的关系	R_a 和 T 的关系	R_z 和 T 的关系
普通精度	$t \approx 0.6T$	$R_a \leqslant 0.05T$	$R_z \leqslant 0.2T$
较高精度	$t \approx 0.4T$	$R_a \leqslant 0.025T$	$R_z \leqslant 0.1T$
提高精度	$t \approx 0.25T$	$R_a \leqslant 0.012T$	$R_z \leqslant 0.25T$
高精度	$T < 0.25T$	$R_a \leqslant 0.15T$	$R_z \leqslant 0.06T$

表5.4 孔、轴公差与表面粗糙度 R_a 的对应关系

公差等级 IT	轴		孔	
	基本尺寸/mm	粗糙度/μm	基本尺寸/mm	粗糙度/μm
IT5	≤6	0.2	≤6	0.2
	>6~30	0.4	>6~30	0.4
	>30~180	0.8	>30~180	0.8
	>180~500	1.6	>180~500	1.6
IT6	≤10	0.4	≤50	0.8
	>10~80	0.8		
	>80~250	1.6	50~250	1.6
	<250~500	3.2	<250~500	3.2
IT7	≤6	0.8	≤6	0.8
	>6~120	1.6	>6~120	1.6
	>120~500	3.2	>120~500	3.2
IT8	≤3	0.8	≤3	0.8
			>3~30	1.6
	>3~50	1.6	>30~250	3.2
	≥50~500	3.2	≥250~500	6.3
IT9	≤6	1.6	≤6	1.6
	>6~120	3.2	>6~120	3.2
	>120~400	6.3	>120~400	6.3
	>400~500	12.5	>400~500	12.5
IT10	≤10	3.2	≤10	3.2
	>10~120	6.3	>10~120	6.3
	>120~500	12.5	>120~500	12.5
IT11	≤10	3.2	≤10	3.2
	>10~120	6.3	>10~120	6.3
	>120~500	12.5	>120~500	12.5
IT12	≤80	6.3	≤80	6.3
	>80~250	12.5	>80~250	12.5
	>250~500	25	>250~500	25
IT13	≤30	6.3	≤30	6.3
	>30~120	12.5	>30~120	12.5
	>120~500	25	>120~500	25

表 5.5　表面粗糙度幅度参数应用实例

表面粗糙度幅度参数 R_a 值/μm	表面粗糙度幅度参数 R_a 值/μm	表面形状特征		应用举例
40~80		粗糙	明显可见刀痕	表面粗糙度很大的加工面,一般很少用
20~40			可见刀痕	
10~20	63~125		微见刀痕	应用范围较广的表面,如轴端面、倒角、铆钉孔的表面和垫圈接触等
5~10	32~65	半光面	可见加工痕迹	半精加工面,用于外壳、箱体、套筒、离合器、带轮侧面等非配合表面,与螺栓头相接触的表面,需要法兰的表面,以及一般遮板的结合面等
2.5~5	16~32		微见加工痕迹	半精加工面、要求有定心及配合特性的固定支撑
1.25~2.5	8.0~16.0		看不见加工痕迹	要求保证和配合特性的表面,基面及表面质量较高的面,与 G 级和 E 级精度轴承相配合的孔和轴的表面,机床主轴箱箱座和箱盖的结合面等
0.063~1.25	4.0~8.0	光面	可变加工痕迹的方向	要求能长期保持配合特性精度的齿轮工作表面,如普通精度的中型机床滑动导轨面,与 D 级轴承配合的孔和轴颈表面,一般精度的分度盘和需镀铬抛光的外表面等
0.32~0.63	2.0~4.0		微辨加工痕迹的方向	工作时承受交变应力的重要零件表面,如滑动轴承轴瓦的工作表面,轴颈表面和活塞表面,曲轴轴颈的工作面,液压油缸和柱塞的表面,高速旋转的轴颈和轴套的表面等
0.16~0.32	1.0~2.0		不可辨加工痕迹的方向	工作时承受较大交变应力的重要零件表面,如精密机床主轴锥孔和顶尖圆锥面,液压传动用孔的表面,活塞销孔和气密性要求高的表面等
0.08~0.16	0.05~1.0	极光面	暗光泽面	特别精密的滚动轴承套圈滚道、滚珠或滚柱表面,仪器在使用中承受摩擦的表面(如导轨等),对同轴度有精确要求的轴和孔等
0.04~0.08	0.25~0.5		亮光泽面	特别精密的滚动轴承套圈滚道、滚珠或滚柱表面,测量仪表中的中等间隙配合零件的工作表面,柴油发动机高压油泵中柱塞和柱塞套的配合表面等

续表

表面粗糙度幅度 参数 R_a 值/μm	表面粗糙度幅度 参数 R_a 值/μm	表面形状特征		应用举例
0.02 ~ 0.04		极光面	镜状光泽面	仪器的测量表面,测量仪表中的高精度间隙配合零件的工作表面,尺寸超过 100 mm 的量块工作表面等
0.01 ~ 0.02			镜面	量块工作表面,高精度测量仪表的测量面,光学测量仪中的金属镜面等

二、表面粗糙度的标注

表面粗糙度的评定参数及具体数值确定后,再按 GB/T131—1993《机械制图表面粗糙度符号、代号及其注法》的规定,把对表面粗糙度的要求在零件图上正确地标注出来。零件的表面粗糙度要求在零件图上用代号表示。零件的表面粗糙度代号包括表面粗糙度符号及评定参数的允许值——表面粗糙度公差值两部分。

国家标准 GB/T131—1993 对表面粗糙度的符号、代号及其标注做了规定。

1. 表面粗糙度符号(表 5.6)

表 5.6 表面粗糙度的符号(摘自 GB/T131—1993)

符 号	说 明
√	基本符号,表示表面可用任何方法获得,当不加注粗糙度参数值或有关说明(例如表面处理、局部热处理情况)时,仅适用于简化代号标注
∨	基本符号加一短划,表示表面是用去除材料的方法获得、例如,车、铣、钻、磨、剪切、抛光、腐蚀、点火和加工等
∨○	基本符号加一小圆,表示表面是用不去除材料的方法获得。例如:铸、煅、冲压变形、热轧、粉末冶金等,或者是用于保持原供应状况的表面(包括保持上道工序的状况)
√ ∨ ∨○	在上述三个符号的长边上均可加一横线,用于标注有关参数和说明
√○ ∨○ ∨○	在上述三个符号上均可加一小圆,表示所有表面具有相同的表面粗超度要求

2. 表面粗糙度代号及其标注

当需要表示的加工表面对表面特征的其他规定有要求时,应在表面粗糙度符号的相应位置,标注若干必要项目的表面特征规定,如图 5.9 所示。

a_1,a_2——粗糙度高度参数代号及其数值(μm);

　　b——加工方法,镀覆、涂覆、表面处理或其他说明等;

　　c——取样长度(mm)或波纹度(μm);

　　d——加工纹理方向的符号;

　　e——加工余量(mm);

　　f——粗糙度间距参数值(mm)或支承长度率(%)。

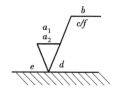

图 5.9

(1)幅度参数的标注,如表 5.7 所示。

表 5.7　表面粗糙度幅度参数标注示例(摘自 GB/T　131—1993)

代　号	意　义	代　号	意　义
3.2	用任何方法获得表面粗糙度,R_a 的上限值为 3.2 μm	3.2max	用去除材料方法获得表面粗糙度,R_a 的最大值为 3.2 μm
3.2	用去除材料方法获得表面粗糙度,R_a 的上限值为 3.2 μm	3.2 R_z12.5	用去除材料方法获得的表面粗糙度,R_a 的上限值为 3.2 μm,R_z 上限值为 12.5 μm
3.2 1.6	用去除材料方法获得的表面粗糙度,R_a 的上限值为 3.2 μm,下限值为 1.6 μm	R_z3.2 max R_z1.6 min	用去除材料方法获得的表面粗糙度,R_z 的最大值为 3.2 μm,最小值为 1.6 μm

(2)间距、形状特征参数的标注

若需要标注 RSm、$Rmr(c)$ 值时,将其符号注在长边的横线下面,数值写在代号的后面,如表 5.8 所示。

表 5.8　附加评定参数的标注(摘自 GB/T131—1993)

代　号	意　义
$^a\sqrt{}$ $RSm0.05$	轮廓单元的平均宽度 RSm 上限值为 0.05 mm
$^a\sqrt{}$ $Rmr(c)70\%,c50\%$	水平截距 c 在轮廓最大高度 R_z 的 50% 位置上,支承长度率为 70%(下限值)

取样长度和评定长度标注在符号长边的横线下面。

1)若某表面粗糙度要求按指定加工方法获得,可用文字标注。

2)若需标注加工余量,可在规定之处加注余量值。

3)若需控制表面加工纹理方向时,可在规定之处加注纹理方向符号。

表 5.9　常见加工纹理方向符号（摘自 GB/T131—1993）

符　号	说　明	示意图
−	纹理平行于标注代号的视图的投影面	纹理方向
⊥	纹理垂直于标注代号的视图的投影面	纹理方向
X	纹理是两相交的方向	纹理方向
M	纹理呈多方向	
C	纹理呈近似同心圆	
R	纹理呈近似放射形	
P	纹理无方向或呈凸起细粒状	

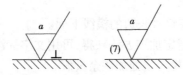

(7)

3. 表面粗糙度在图样上的标注

①表面粗糙度代号一般标注在图样的可见轮廓线、尺寸线、尺寸界线或它们的延长线上、

符号的尖端必须由材料外指向材料表面,代号中数字及符号的标注方向必须与尺寸数字方向一致,如图 5.10 所示。

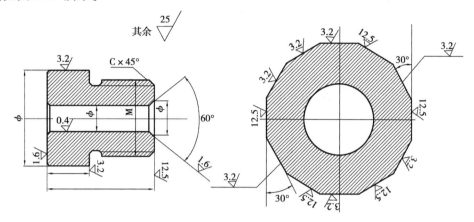

图 5.10

②在表面粗糙度代号的横线上面可标注加工要求,如图 5.11 所示。图例表示导轨工作面经铲刮后,在 20 mm×20 mm 平面内接触点不少于 10 点,R_a 的上限值为 0.8 μm。

③当渐开线花键、齿轮等工作表面没有画出齿形时,表面粗糙度代号标注如图 5.12 所示。

④当螺纹工作表面没有画出齿形时,表面粗糙度代号标注如图 5.13 所示。

⑤中心孔、键槽的工作表面,倒角、圆角的表面粗糙度的标注如图 5.14 所示。

⑥当零件的各表面粗糙度要求不同时,可将其中使用最多的一种表面粗糙度代号统一标注在图样的右上角,并加注"其余"两字,如图 5.15 所示。

⑦当零件上所有表面的粗糙度要求相同时,标注方法如图 5.16 所示。

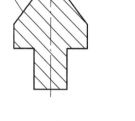

图 5.11　表面粗糙度代号
的横向上加标加工要求

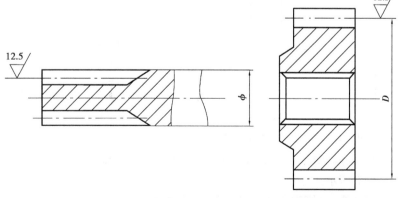

图 5.12　渐开线花键、齿轮的表面粗糙度标注

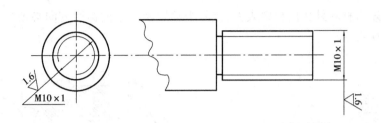

图 5.13 螺纹工作表面粗糙度标注

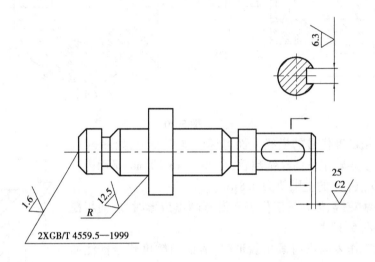

图 5.14 中心孔、键槽、倒角与圆角表面粗糙度标注

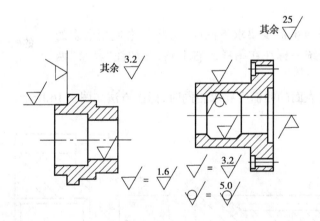

图 5.15 表面粗糙度的统一标注

⑧对同一表面提出不同的表面粗糙度要求时,可用细实线画出其分界线,并标注出相应的表面粗糙度代号及尺寸。对不连续的同一表面,可用细实线连接起来,其表面粗糙度代号只需标注一次,如图 5.17 所示。

⑨对连续表面及槽、齿等重复要素的表面,可如图 5.18 所示进行标注。

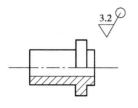

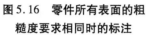

图5.16 零件所有表面的粗
糙度要求相同时的标注

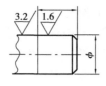

图5.17 同一表面提出不同表面粗
糙度要求时的标注

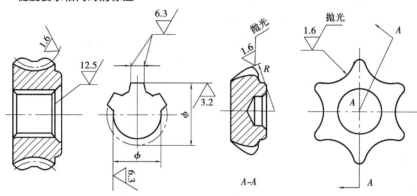

图5.18 连续表面及槽、齿等重复要素的表面粗糙度标注

巩固与练习

一、判断题(正确的打"√",错误的打"×")

1)在间隙配合中,由于零件表面粗糙不平,会因磨损使间隙迅速增大。 (   )

2)零件表面越粗糙,取样长度应越小。 (   )

3)选择表面粗糙度评定参数值越小越好。 (   )

4)零件表面要求耐腐蚀,粗糙度参数应小一些。 (   )

5)尺寸精度要求高的表面,粗糙度参数值应小一些。 (   )

6)用比较法评定表面粗糙度可以很精确地得出被检表面的粗糙度值。 (   )

二、填空题

1)微小的峰谷高低不平程度及间距状况称为_____。

2)符号 $\overset{1.6}{\bigtriangledown}$ 是指_____。

3)符号 $\overset{3.2}{\underset{1.6}{\bigtriangledown}}$ 是指_____。

4)符号 $\overset{6.3}{\bigtriangledown}$ 是指_____。

5)符号 $\overset{R_z6.3}{\bigtriangledown}$ 是指_____。

三、多项选择题

1)表面越粗糙,零件的 (   )

    A. 应力越集中;   B. 配合精度越高;

    C. 接触刚度越增加;   D. 抗腐蚀性越差。

2)R_a、R_z 的应用,正确的论述是 （　　）

　　A.R_z 常用于允许零件有较深加工痕迹的表面;

　　B.R_a 由于测量计算简单,故应用较多;

　　C.R_a 不能全面反映被检验表面状况。

3)关于表面粗糙度的标注的正确论述有 （　　）

　　A.所有表面具有相同的表面粗糙度时,可在零件图的左上角标注粗糙度代号;

　　B.标注螺纹的粗糙度时,应标注在顶径处;

　　C.图样上没有画齿形的齿轮、花键、粗糙度代号应注在节圆上;

　　D.同一表面上各部位有不同表面粗糙度要求时,应以细实线画出界线。

4)选择表面粗糙度评定参数值时,下列论述正确的有 （　　）

　　A.受交变载荷的表面,参数值应大;

　　B.配合表面的粗糙度数值应小于非配合表面;

　　C.摩擦表面应比非摩擦表面数值小;

　　D.配合质量要求高,参数值应小。

四、简答题

1)表面粗糙度的概念是什么? 对零件的使用性能有哪些影响?

2)表面粗糙度、表面波度、表面形状误差的区别在哪里?

3)评定表面粗糙度时,为什么要规定取样长度? 有了取样长度,为什么还要规定评定长度?

4)在一般情况下,下列每小题中两孔表面粗糙度参数值的允许值是否应该有差异? 如果有,哪个孔的表面粗糙度参数值允许小一些? 为什么?

　　①$\phi 60H8$ 与 $\phi 20H8$ 孔;

　　②$\phi 50H7/h6$ 与 $\phi 50H7/g6$ 中的 H7 孔;

　　③圆柱度公差分别为 0.01 mm 和 0.02 mm 的两个 $\phi 40H7$ 孔。

5)表面粗糙度的图样标注中,什么情况注出评定参数的上限值、下限值? 什么情况要注出最大值、最小值?

6)解释图 5.19 所示标注的各个表面粗糙度要求的含义。

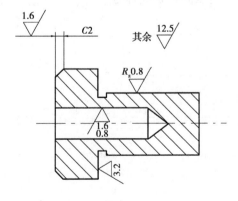

图 5.19

项目6　量具使用

项目内容　1）测量与计量器具；

2）钢直尺、内外卡钳和塞尺；

3）量块；

4）游标类测量工具；

5）千分尺类测量工具；

6）机械测量仪表；

7）角度类测量工具；

8）光滑极限量规。

项目目标　1）了解计量器具的分类；

2）了解误差产生的原因；

3）掌握钢直尺、内外卡钳和塞尺的使用；

4）理解量块的使用；

5）掌握游标类测量工具的使用和读数；

6）掌握千分尺类测量工具的使用和读数；

7）掌握角度类测量工具的使用。

项目实施过程

课题1　测量与计量器具

知识目标

1）了解技术测量的含义；

2）了解计量器具的分类；

3）理解测量方法的分类；

4）理解测量误差产生的原因。

技能目标

1）能根据测量对象选择测量工具；

2）能比较多个测量结果的精度大小。

实例引入

要实现互换性，除了合理地规定公差，还需要在加工的过程中进行正确的测量或检验，只有通过测量和检验判定为合格的零件，才具有互换性。

课题完成过程

一、测量与检测

"测量"是指以确定被测对象量值为目的的全部操作。一个完整的测量过程应包括测量对象、计量单位、测量方法和测量精度 4 个方面要素。

下面就测量过程所包括的 4 个方面要素进行说明。

1. 测量对象

测量对象主要指几何量,包括长度、角度、表面粗糙度、几何形状和相互位置等。

2. 计量单位

我国采用的是国际单位制。在国际单位中,长度的主单位是米,在机械行业中,常用的单位是毫米。

3. 测量方法

测量方法是指测量时所采用的计量器具和测量条件的综合。

4. 测量精度

测量精度是指测量结果与真值的一致程度。

二、计量器具的分类

计量器具是测量工具与测量仪器的总称。测量工具是直接测量几何量的计量器具,不具有传动放大系统,如游标卡尺、90°角尺、量规等。而具有传动放大系统的计量器具被称为测量仪器,如机械比较仪、投影仪和测长仪等。

计量器具按结构特点可以分为以下 3 类。

1. 量具

量具是以固定形式复现量值的计量器具,一般结构比较简单,没有传动放大系统。

量具按照其结构特点可以分为:

1)固定刻线测量工具,包括钢直尺、角度尺、卷尺。

2)游标测量工具,包括游标卡尺、万能角度尺。

3)螺旋测微测量工具,包括外径千分尺、内径千分尺、螺旋千分尺等。

2. 量规

量规是指没有刻度的专用计量器具,用于检验零件要素的实际尺寸及形状、位置的实际情况所形成的综合结果是否在规定的范围内,从而判断零件被测的几何量是否合格。

3. 量仪

量仪是能将被测几何量的量值转换成可直接观察的指示值或等效信息的计量器具。量仪又可分为如下 4 种。

(1)机械式量仪

机械式量仪是指用机械方法实现原始信号转换的量仪,如指示表、杠杆比较仪和扭簧比较仪等。

(2)光学式量仪

光学式量仪是指用光学方法实现原始信号转换的量仪,具有放大比较大的光学放大系统。

(3)电动式量仪

电动式量仪是指将原始信号转换成电量形式信息的量仪。

(4)气动式量仪

气动式量仪是指以压缩空气为介质,通过其流量或压力的变化来实现原始信号转换的量仪。

三、测量方法的分类

(1)根据所测的几何量是否为要求被测的几何量,测量方法可分为以下两种。

①直接测量

直接用量具和量仪测出零件被测几何量值的方法。

②间接测量

通过测量与被测尺寸有一定函数关系的其他尺寸,然后通过计算获得被测尺寸量值的方法。

(2)根据被测量值是直接计量器具的读数装置获得,还是通过对某个标准值的偏差值计算得到,测量方法可分为绝对测量和相对测量。

(3)根据工件上同时测量的几何量的,测量方法可分为单项测量和综合测量。

(4)根据被测工件表面是否与计量器具的测量元件接触,测量方法可分为以下两种。

①接触测量

测量时计量器具的测量元件与工件被测表面接触,并有机械作用的测量力。例如用机械式比较仪测量轴颈,测头在弹簧力的作用下与轴颈接触。

②非接触测量

测量时计量器具的测量元件不与工件接触。例如,用光切显微镜测量表面粗糙度。

四、计量器具的基本计量参数

1. 刻度间距

刻度间距是指标尺或刻度盘上两相邻刻线中心的距离。一般刻度间距为 1 ~ 2.5 mm,刻度间距太小,会影响估读精度;刻度间距太大,会加大读数装置的轮廓尺寸。

2. 分度值

分度值又称刻度值,是指标尺或刻度盘上每一刻度间距所代表的量值。

3. 示值范围

示值范围是指计量器具标尺或刻度盘所指示的起始值到终止值的范围。

4. 测量范围

测量范围是指计量器具能够测出的被测尺寸的最小值到最大值的范围。

五、测量误差

1. 误差的概念及产生的原因

(1)测量误差的基本概念

测量误差常采用以下两种指标评定:

①绝对误差 δ

绝对误差是测量结果(x)与被测量的真值(x_0)之差,即

$$\delta = x - x_0 \tag{6.1}$$

因测量结果可能大于或小于真值,δ 可能为正值或负值,故上式可写为

$$x_0 = x \pm \delta \tag{6.2}$$

②相对误差 f

测量的绝对误差(δ)与被测量真值(x_0)之比,即

$$f = \frac{\delta}{x_0} \tag{6.3}$$

例 6.1　测量一个长 100 mm 尺寸的绝对误差为 0.01 mm,测量另一个 1 000 mm 尺寸的绝对误差也为 0.01 mm,试比较二者的测量精度。

解　绝对误差相同,但被测尺寸不同,因而不能用绝对误差比较精度,故应用相对误差比较,可得

$$f_1 = \frac{\delta_1}{x_1} = \frac{0.01}{100} \times 100\% = 0.01\%$$

$$f_2 = \frac{\delta_2}{x_2} = \frac{0.01}{100} \times 100\% = 0.001\%$$

由于 $f_1 > f_2$，因此后者的精度比前者高。

（2）测量误差产生的原因

测量误差产生的原因很多，归纳起来主要有以下几种。

①计量器具误差；

②方法误差；

③环境误差；

④人员误差。

2. 误差的分类

根据测量误差的特性，可将测量误差分为随机误差、系统误差和粗大误差3类。

（1）随机误差

随机误差是在同一条件下，多次测量同一量值时，绝对值和符号以不可预定的方式变化着的误差。

（2）系统误差

系统误差是指在一定条件下，对同一被测值进行多次重复测量时，误差的大小和符号均保持不变或按一确定规律变化的测量误差。

（3）粗大误差

粗大误差是指超出规定条件下预期的误差。这种误差是由于测量者主观上疏忽大意造成的读错、记错，或客观条件发生突变（外界干扰、振动）等因素所致。

课题2 钢直尺、内外卡钳和塞尺

知识目标

1）了解钢直尺的测量范围；

2）了解内外卡钳的分类和使用；

3）了解塞尺的规格和使用。

技能目标

1）能正确使用钢直尺；

2）能正确选用内外卡钳；

3）会正确使用塞尺。

实例引入

同学们在以往的学习中，测量长度经常用到何种工具？

课题完成过程

一、钢直尺

钢直尺是最简单的长度测量工具，它的长度有150、300、500和1 000 mm 4种规格。图6.1所示是常用的150 mm钢直尺。

图 6.1　150 mm 钢直尺

钢直尺用于测量零件的长度尺寸,如图 6.2 所示,它的测量结果不太准确。这是由于钢直尺的刻线间距为 1 mm,而刻线本身的宽度就有 0.1 ~ 0.2 mm,所以测量时读数误差比较大,只能读出毫米数,即它的最小读数值为 1 mm,比 1 mm 小的数值,只能估计而得。

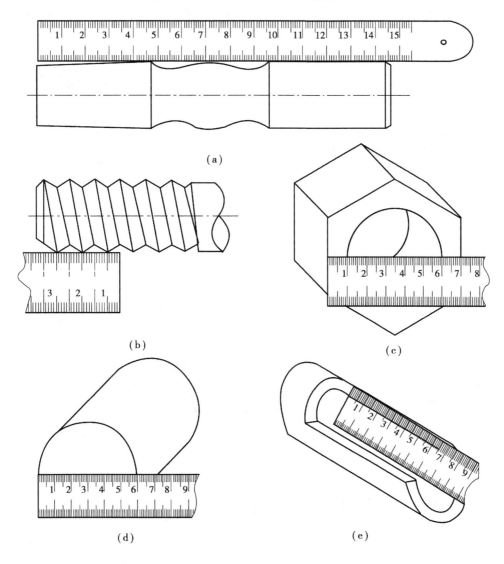

图 6.2　钢直尺的使用方法

(a)量长度　(b)量螺距　(c)量宽度　(d)量外径　(e)量深度

如果用钢直尺直接去测量零件的直径尺寸(轴径或孔径),则测量精度更差。其原因是:除了钢直尺本身的读数误差比较大以外,还由于钢直尺无法正好放在零件直径的正确位置。因此,零件直径尺寸的测量,需要利用钢直尺和内外卡钳配合使用。

二、内外卡钳

图6.3所示是常见的两种内外卡钳。内外卡钳是最简单的比较测量工具。外卡钳是用来测量零件的外径和平面的,内卡钳是用来测量零件的内径和凹槽的。它们本身都不能直接读出测量结果,而是把测量得到的长度尺寸(直径也属于长度尺寸),在钢直尺上进行读数,或在钢直尺上先取下所需尺寸,再去检验零件的直径是否符合要求。

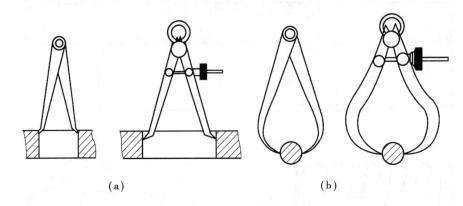

(a)   (b)

图6.3 内外卡钳

(a)内卡钳 (b)外卡钳

1.卡钳开度的调节

首先检查钳口的形状,钳口形状对测量精确度影响很大,应注意经常修整钳口的形状,图6.4所示为卡钳钳口形状好与坏的对比。调节卡钳的开度时,应轻轻敲击卡钳脚的两侧面。先用两手把卡钳调整到和工件尺寸相近的开口,然后轻敲卡钳的外侧来减小卡钳的开口,敲击卡钳内侧来增大卡钳的开口,如图6.5(a)所示。但不能直接敲击钳口,图6.5(b)所示,这会因卡钳的钳口损伤量测面而引起测量误差,更不能在机床的导轨上敲击卡钳,如图6.5(c)所示。

好

不好

不好

图6.4 卡钳钳口形状好与坏的对比

2.外卡钳的使用

外卡钳在钢直尺上取下尺寸时,如图6.6(a)所示,一个钳脚的测量面靠在钢直尺的端面上,另一个钳脚的测量面对准所需尺寸刻线的中间,且两个测量面的连线应与钢直尺平行,人的视线要垂直于钢直尺。

用已在钢直尺上取好尺寸的外卡钳去测量外径时,要使两个测量面的连线垂直零件的轴线,靠外卡钳的自重滑过零件外圆时,我们手中的感觉应该是外卡钳与零件外圆正好是点接触,此时外卡钳两个测量面之间的距离,就是被测零件的外径。所以,用外卡钳测量外径,就是比较外卡钳与零件外圆接触的松紧程度,如图6.6(b)所示,以卡钳的自重能刚好滑下为合适。如当卡钳滑过外圆时,我们手中没有接触感觉,就说明外卡钳比零件外径尺寸大,如靠外卡钳的自重不能滑过零件外圆,就说明外卡钳比零件外径尺寸小。切不可将卡钳歪斜地放上工件测量,这样有误差,图6.6(c)所示。由于卡钳有弹性,把外卡钳用力压过外圆是错误的,更不能把卡钳横着卡上去,图6.6(d)所示。对于大尺寸的外卡钳,靠它自重滑过零件外圆的测量压力已经太大了,此时应托住卡钳进行测量,图6.6(c)所示。

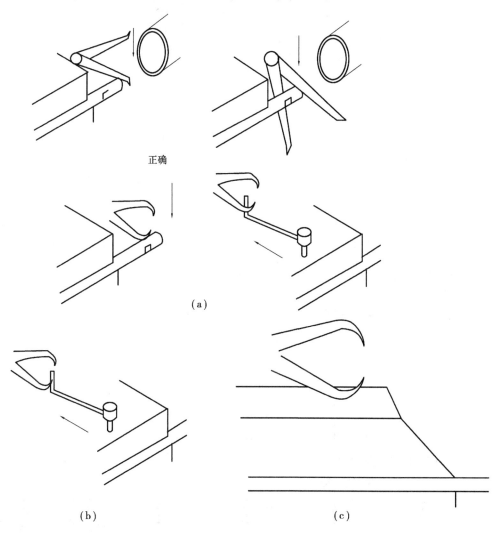

图 6.5　卡钳开度的调节
（a）正确　（b）错误　（c）错误

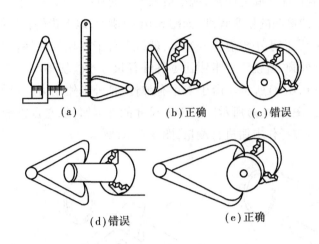

（a）　　　　　　　（b）正确　　　　　（c）错误

（d）错误　　　　　　　　　（e）正确

图6.6　外卡钳在钢直尺上取尺寸和测量方法

3. 内卡钳的使用

用内卡钳测量内径时,应使两个钳脚的测量面的连线正好垂直相交于内孔的轴线,即钳脚的两个测量面应是内孔直径的两端点。因此,测量时应将下面钳脚的测量面停在孔壁上作为支点如图6.7(a)所示,上面的钳脚由孔口略往里面一些逐渐向外试探,并沿孔壁圆周方向摆动,当沿孔壁圆周方向能摆动的距离为最小时,则表示内卡钳脚的两个测量面已处于内孔直径的两端点了。再将卡钳由外至里慢慢移动,可检验孔的圆度公差,如图6.7(b)所示。

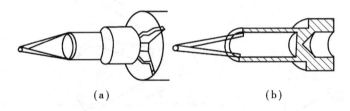

（a）　　　　　　　　　　　　　（b）

图6.7　内卡钳测量方法

用已在钢直尺上或在外卡钳上取好尺寸的内卡钳去测量内径,如图6.8(a)所示,就是比较内卡钳在零件孔内的松紧程度。如内卡钳在孔内有较大的自由摆动时,就表示卡钳尺寸比孔径内小了;如内卡钳放不进去,或放进孔内后紧得不能自由摆动,就表示内卡钳尺寸比孔径大了,如内卡钳放入孔内,按照上述的测量方法能有1~2 mm的自由摆动距离,这时孔径与内卡钳尺寸正好相等。测量时不要用手抓住卡钳测量,如图6.8(b)所示,这样手感就没有了,难以比较内卡钳在零件孔内的松紧程度,并使卡钳变形而产生测量误差。

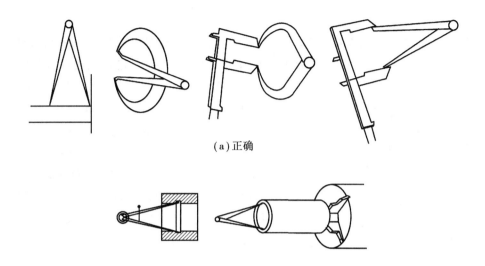

（a）正确

图 6.8　卡钳取尺寸和测量方法

（a）正确　（b）错误

4.卡钳的适用范围

卡钳是一种简单的测量工具,由于它具有结构简单、制造方便、价格低廉、维护和使用方便等特点,广泛应用于要求不高的零件尺寸的测量和检验方面,尤其是对锻铸件毛坯尺寸的测量和检验,卡钳是最合适的测量工具。

卡钳虽然是简单测量工具,只要掌握得好,也可获得较高的测量精度。例如用外卡钳比较两根轴的直径大小时,就是轴径相差只有 0.01 mm,有经验的技术工人也能分辨得出。又如用内卡钳与外径百分尺联合测量内孔尺寸时,有经验的技术工人完全有把握用这种方法测量高精度的内孔。这种内径测量方法,称为"内卡搭百分尺",是利用内卡钳在外径百分尺上读取准确的尺寸,如图 6.9 所示,再去测量零件的内径;或内卡在孔内调整好与孔接触的松紧程度,再在外径百分尺上读出具体尺寸。这种测量方法,不仅在缺少精密的内径测量工具时,是测量内径的好办法,而且对于某零件的内径,如图 6.9 所示的零件,由于它的孔内有轴,即使使用精密的内径测量工具测量也有困难,则应用内卡钳搭外径百分尺测量内径方法,就能较好地解决问题。

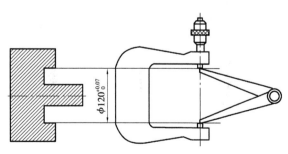

图 6.9　内卡搭外径百分尺测量内径

三、塞尺

塞尺又称厚薄规或间隙片。主要用来检验机床特别紧固面和紧固面、活塞与气缸、活塞环槽和活塞环、十字头滑板和导板、进排气阀顶端和摇臂、齿轮啮合间隙等两个结合面之间的间隙大小。塞尺是由许多层厚薄不一的薄钢片组成,如图 6.10 所示,按照塞尺的组别制成一把一把的塞尺,每把塞尺中的每片具有两个平行的测量平面,且都有厚度标记,以供组合使用。测量时,根据结合面间隙的大小,用一片或数片重叠在一起塞进间隙内。例如用 0.03 mm 的一片能插入间隙,而 0.04 mm 的一片不能插入间隙,这说明间隙在 0.03 ~ 0.04 mm,所以塞尺也是一种界限量规。塞尺的规格见表 6.1。

图 6.10 塞尺

表 6.1 塞尺的规格

A 型	B 型	塞尺片长度/mm	片 数	塞尺的厚度级组装顺序
组别标记				
75A13	75B13	75		
100A13	100B13	100		0.02;0.02;0.03;0.03;0.04
150A13	150B13	150	13	0.04;0.05;0.05;0.06;0.07
200A13	200B13	200		0.08;0.09;0.10
300A13	300B13	300		
75A14	75B14	75		
100A14	100B14	100		1.00;0.05;0.06;0.07;0.08
150A14	150B14	150	14	0.09;0.19;0.15;0.20;0.25
200A14	200B14	200		0.30;0.40;0.50;0.75
300A14	300B14	300		
75A17	75B17	75		
100A17	100B17	100		0.50;0.02;0.03;0.04;0.05
150A17	150B17	150		0.06;0.07;0.08;0.09;0.10
200A17	200B17	200	17	0.15;0.20;0.25;0.30;0.35
300A17	300B17	300		0.40;0.45

图 6.11 是主机与轴系法兰定位检测,将直尺贴附在以轴系推力轴或第一中间轴为基准的法兰外圆的素线上,用塞尺测量直尺与之连接的柴油机曲轴或减速器输出轴法兰外圆的间隙 Z_x、Z_s,并依次在法兰外圆的上、下、左、右 4 个位置上进行测量。

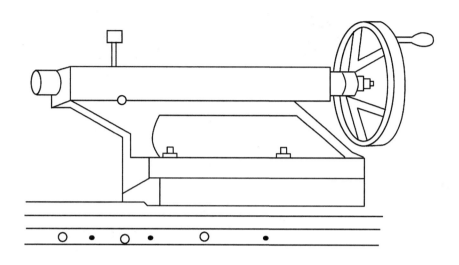

图 6.11 用直尺和塞尺测量轴的偏移和曲折

图 6.12 为检验机床尾座紧固面的间隙(<0.04 mm)。

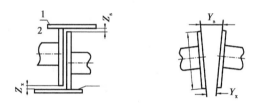

图 6.12 用塞尺检验车床尾座坚固面间隙

1—直尺;2—法兰

使用塞尺时必须注意下列几点:

1)根据结合面的间隙情况选用塞尺片数,但片数愈少愈好;

2)测量时不能用力太大,以免塞尺遭受弯曲和折断;

3)不能测量温度较高的工件。

课题 3 量块

知识目标

1)了解量块的形状、用途及尺寸系列;

2)理解量块的尺寸组合。

技能目标

能正确选用量块组合。

实例引入

在实际测量中,有时会用到成套的量具,如图 6.13 所示。

图 6.13　成套量具

课题完成过程

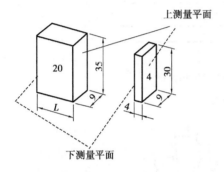

图 6.14　量块

一、量块

1. 量块的形状、用途及尺寸系列

量块是没有刻度的平行端面量具,也称块规,是用特殊合金钢制成的长方体,如图 6.14 所示。

在实际生产中,量块是成套使用的,每套量块由一定数量的不同标称尺寸的量块组成,经过组合成各种尺寸,满足一定尺寸范围内的测量要求。GB/T 6093—1985 共规定了 17 套量块。常用成套量块的级别、尺寸系列、间隔和块数如表 6.2 所示。

表 6.2　成套量块尺寸表

套别	总块数	级别	尺寸系列 /mm	间隔 /mm	块数
1	91	00,0,1	0.5		1
			1		1
			1.001,1.002,…,1.009	0.001	9
			1.01,1.02,…,1.49	0.01	49
			1.5,1.6,…,1.9	0.1	5
			2.0,2.5,…,9.5	0.5	16
			10,20,…,100	10	10
2	83	00,0,1,2,(3)	0.5		1
			1		1
			1.005		1
			1.01,1.02,…,1.49	0.01	49
			1.5,1.6,…,1.9	0.1	5
			2.0,2.5,…,9.5	0.5	16
			10,20,…,100	10	10

续表

套别	总块数	级　别	尺寸系列 /mm	间隔 /mm	块数
3	46	0,1,2	1		1
			1.001,1.002,…,1.009	0.001	9
			1.01,1.02,…,1.09	0.01	9
			1.1,1.2,…,1.9	0.1	9
			2,3,…,9	1	8
			10,20,…,100	10	10
4	38	0,1,2,(3)	1		1
			1.005		1
			1.01,1.02,…,1.09	0.01	9
			1.1,1.2,…,1.9	0.1	9
			2,3,…,9	1	8
			10,20,…,100	10	10

2. 量块的尺寸组合及使用方法

为了减少量块组合的累积误差,使用量块时,应尽量减少使用的块数,一般要求为4~5块。选用量块时,应根据所需组合的尺寸,从最后一位数字开始选择,每选一块,应使尺寸数字的位数减少一位,以此类推,直至组合成完整的尺寸。

例 6.2　要组成 38.935 mm 的尺寸,试选择组合的量块。

解　最后一位数字为 0.005,因而可采用 83 块一套或 38 块一套的量块。

若采用 83 块一套的量块,则有

$$
\begin{array}{r}
38.935 \\
- 1.005 \\
\hline
37.93 \\
- 1.43 \\
\hline
36.5 \\
- 6.5 \\
\hline
30
\end{array}
$$

—— 第 1 块量块尺寸
—— 第 2 块量块尺寸
—— 第 3 块量块尺寸
—— 第 4 块量块尺寸

共选取 4 块,尺寸分别为:1.005 mm,1.43 mm,6.5 mm,30 mm。

若采用 38 块一套的量块,则有

$$
\begin{array}{r}
38.935 \\
- 1.005 \\
\hline
37.93 \\
- 1.43 \\
\hline
36.5 \\
- 6.5 \\
\hline
30
\end{array}
$$

—— 第 1 块量块尺寸
—— 第 2 块量块尺寸
—— 第 3 块量块尺寸
—— 第 4 块量块尺寸

共选取 5 块,其尺寸分别为:1.005 mm,1.03 mm,1.9 mm,5 mm,30 mm。

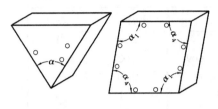

图 6.15　角度量块

可以看出,采用 83 块一套的量块要好些。

二、角度量块

角度量块根据外形结构有三角形(一个工作角)和四边形(4 个工作角)两种(如图 6.15 所示)。三角形角度量块只有一个工作角(10°~79°)可以用作角度量测的标准量,而四边形角度量块则有 4 个工作角(80°~100°),也可以用作角度量测的标准量。

能在两个具有研合性的平面间形成准确角度的量规。利用角度量块附件把不同角度的量块组成需要的角度,常用于检定角度样板和万能角度尺等,也可用于直接测量工件的角度。如图 6.16 所示为两种形状的角度量块在 10°~79° 间有一个测量角的称为 Ⅰ 型角度量块;角度 α 在 80°~100° 间有 4 个测量角的称为 Ⅱ 型角度量块。角度量块成套供应,分 0 级、1 级、2 级 3 种精度,其测量角的允许偏差分别为 ±3″、±10″和 ±30″。

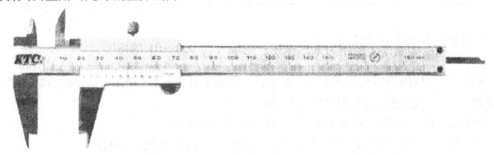

图 6.16　游标卡尺

课题 4　游标类测量工具

知识目标

1)了解游标类测量工具的分类;

2)理解游标类测量工具的结构特点;

3)掌握游标类测量工具的读数原理;

4)掌握游标卡尺的使用方法。

技能目标

1)能正确选用游标类测量工具;

2)能正确使用游标卡尺。

实例引入

游标类测量工具是根据游标读数原理制成的一种常用测量工具,主要在机械加工中用于测量工件的内外尺寸、宽度、高度、厚度、深度、孔距等数据。它具有结构简单、使用方便、测量范围大等特点,故被广泛使用。

课题完成过程

一、游标类测量工具的分类

常用的游标类测量工具有:游标卡尺,如图 6.16 所示;游标深度尺,如图 6.17 所示;游标高度尺,如图 6.18 所示;游标测齿卡尺、万能角度尺,如图 6.19 所示。前四种用于长度测量,后一种用于角度测量。

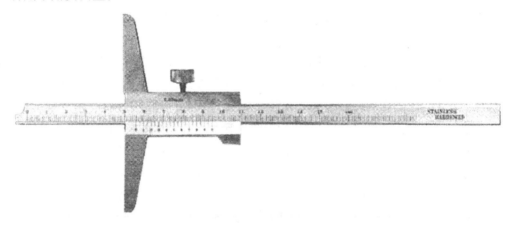

图 6.17　游标深度尺

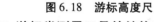

图 6.18　游标高度尺

图 6.19　游标角度尺

二、游标类测量工具的结构特点

游标类测量工具在结构上的共同特征是都有主尺、游标尺以及测量基准面,另外,还有便于使用而设的微动机构和锁紧机构等。主尺上有毫米刻度,游标尺上的分度值有 0.1、0.05、0.02 mm 3 种。游标卡尺的主尺是一个有刻度的尺身,刻度单位 mm,其上有固定的量爪。有刻度的部分称为尺身,沿着尺身可以滑动的部分称为尺框。尺框上有活动爪,装配了滑动游标和紧固螺钉。滑动尺框通过滑动可以调节两量爪之间的距离,从而达到测量不同尺寸的目的。游标卡尺通常用来测量内外直径、孔距、壁厚、沟槽宽与深等尺寸。

三、读数原理

游标卡尺的读数部分由主尺尺身和游标尺组成。游标读数原理是利用主尺刻线间距与游标刻线间距的间距差来实现的。

常用的主尺刻度间距 $\alpha = 1$ mm。若使主尺刻度 $(n-1)$ 格的宽度等于游标刻度 n 格的宽度，则游标的刻度间距 $b = [(n-1)/n] \times \alpha$。若主尺刻度间距为 1 mm，游标刻度间距为 0.9 mm，当游标尺零刻线与主尺零刻线对准时，除游标的最后一根刻线（第 10 根刻线）与主尺上第 9 根刻线重合外，其余刻线均不重合。若将游标向右移动 0.1 mm，则游标的第一根刻线与主尺的第一根刻线重合；游标向右移动 0.2 mm 时，则游标的第二根刻线与主尺的第二根刻线重合。依此类推。这就是说，游标在 1 mm 内（1 个主尺刻度间距），向右移动距离可由游标刻线与主尺刻线重合时游标刻线的序号来决定。

在读数时，应当首先以游标零刻度线为准在尺身上读取毫米整数，即以毫米为单位的整数部分。然后看游标上第几条刻度线与尺身的刻度线对齐，如第 6 条刻度线与尺身刻度线对齐，则小数部分即为 0.6 mm（若没有正好对齐的线，则取最接近对齐的线进行读数）。如有零误差，则一律用上述结果减去零误差（零误差为负，相当于加上相同大小的零误差），读数结果为：$L = $ 整数部分 + 小数部分 − 零误差。判断游标上哪条刻度线与尺身刻度线对准，可用下述方法：选定相邻的 3 条线，如左侧的线在尺身对应线之右，右侧的线在尺身对应线之左，中间那条线便可以认为是对准了。

通过多次测量，综合而来的测量结果才比较容易达到测量对象的真实值，在测量多次的时候，只需取平均值，不需要每次都减去零误差，只要从最后的测量结果中减去零误差即可。

四、游标卡尺的使用方法

游标卡尺结构示意图如图 6.20 所示。它是一种比较精密的测量工具，在测量中用得最多。通常用来测量精度较高的工件，它可测量工件的外直线尺寸、宽度和高度，还可以用来测量槽的深度。如果按游标的刻度值来分，游标卡尺又分 0.1、0.05、0.02 mm 3 种。

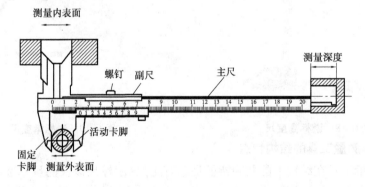

图 6.20 游标卡尺结构示意图

1. 游标卡尺的刻线原理与读数方法

游标卡尺的读数部分由尺身与游标组成。其原理是利用尺身刻线间距和游标刻线间距之差来进行小数读数。

下面将读数方法和步骤以图 6.21 为例进行说明。

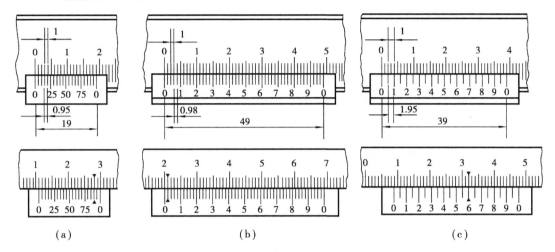

图 6.21　游标卡尺的刻线原理和读数示例

图 6.21(a)上图为读数值 $i = 0.05$ mm 的游标卡尺的刻线图。尺身刻线间距 $\alpha = 1$ mm,游标刻线间距 $b = 0.95$ mm,游标刻线格数 20 格,游标刻线总长 19 mm。下图为某测量结果。游标的零线落在尺身的 $10 \sim 11$ mm,因而读数的整数部分为 10 mm。游标的第 18 格的刻线与尺身的一条刻线对齐,因而小数部分值为 $0.05 \times 18 = 0.9$ mm。所以被测量尺寸为 $10 + 0.9 = 10.9$ mm。

图 6.21(b)上图为读数值 $i = 0.02$ mm 的游标卡尺的刻线图。尺身刻线间距 $\alpha = 1$ mm,游标刻线间距 $b = 0.98$ mm,游标的刻线格数为 50 格,游标刻线总长为 49 mm。下图为某测量结果。游标的零线落在尺身的 $20 \sim 21$ mm,因而整数部分为 20 mm。游标的第 1 格刻线与尺身的一条刻线对齐,因而小数部分值为 $0.02 \times 1 = 0.02$ mm。所以被测尺寸为 20.02 mm。

读数规律可分 3 个步骤:

1)根据副尺零线以左的主尺上的最近刻度读出整毫米数;

2)根据副尺零线以右与主尺上的刻度对准的刻线数乘上 0.02 读出小数;

3)将上面整数和小数两部分加起来,即为总读数。

2. 游标卡尺的使用与注意事项

(1)游标卡尺的测量范围

如图 6.22 所示游标卡尺可用来测量工件的宽度、外径、内径和深度。其中,图 6.22(a)测量工件的宽度,图 6.22(b)测量工件的外径方法,图 6.22(c)测量工件的内径,图 6.22(d)测量工件的深度。

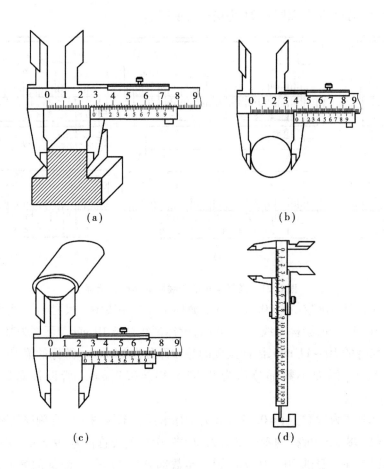

图 6.22　游标卡尺的应用

(a)测量工件宽度　(b)测量工件外径　(c)测量工件内径　(d)测量工件深度

(2)注意事项

游标卡尺是比较精密的测量工具,使用时应注意如下事项:

①使用前,应先擦干净两卡脚测量面,合拢两卡脚,检查副尺0线与主尺0线是否对齐,若未对齐,应根据原始误差修正测量读数。

②测量工件时,卡脚测量面必须与工件的表面平行或垂直,不得歪斜。且用力不能过大,以免卡脚变形或磨损,影响测量精度。

③读数时,视线要垂直于尺面,否则测量值不准确。

④测量内径尺寸时,应轻轻摆动,以便找出最大值。

⑤游标卡尺用完后,应当仔细擦净,抹上防护油,并平放在合内,以防生锈或弯曲。

随着科技的进步,目前在实际使用中有更为方便的带指示表卡尺和电子数字显示卡尺代替游标卡尺。带指示表卡尺如图 6.23 所示,可以通过指示表读出测量的尺寸,电子数字显示卡尺如图 6.24 所示,是利用电子数字显示原理,对两测量爪相对移动分隔的距离进行读数的一种长度测量工具。

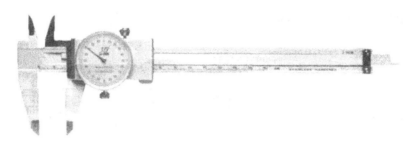

图6.23 带指示表的游标卡尺

图6.24 带数字显示的游标卡尺

课题5 千分尺类测量工具

知识目标

1）了解外径千分尺的结构；

2）理解外径千分尺的读数原理和读数方法；

3）掌握外径千分尺的使用方法；

4）了解内径千分尺的使用方法；

5）了解深度千分尺的使用方法。

技能目标

1）能正确使用外径千分尺；

2）能对外径千分尺读数准确。

实例引入

千分尺类测量工具又称为测微螺旋测量工具，它是利用螺旋副的运动原理进行测量和读数的一种测微测量工具。它们的测量精度比游标卡尺高，并且测量比较灵活，因此，当加工精度要求较高时多被应用。常用的螺旋读数测量工具有百分尺和千分尺。百分尺的读数值为0.01 mm，千分尺的读数值为0.001 mm，工厂里习惯上把百分尺和千分尺统称为百分尺或分厘卡。千分尺类测量工具可分为外径千分尺、内径千分尺、深度千分尺、杠杆千分尺、螺纹千分尺和测量齿轮公法线长度的公法线千分尺。

课题完成过程

一、外径千分尺

1.外径千分尺的结构

外径千分尺由尺架、微分筒、固定套筒、测力装置、测量面、锁紧机构等组成，如图6.25所示。其结构特征包括以下几个方面。

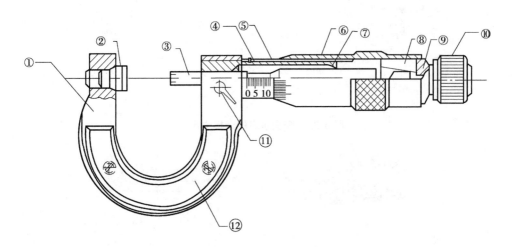

图 6.25　外径千分尺的结构

1）结构设计符合阿贝原则。

2）以丝杠螺距作为测量的基准量,丝杠和螺母的配合应该具有配合精密性,且配合间隙能够任意调整。

3）固定套筒和微分筒作为读数装置,用刻度线进行读取。

4）有保证一定测力的棘轮棘爪机构。

图中测微装置由固定套管用螺钉固定在螺纹轴套上,并与尺架紧密结合成一体。微测杆的一端为测量杆,它的中部外螺纹与螺纹轴套上的内螺纹精密配合,并可通过螺母调节配合间隙;另一端的外圆锥与接头的内圆锥配合,并通过顶端的内螺纹与测力装置连接。当此螺纹旋紧时,测力装置通过垫片紧压接头,而接头上开有轴向槽,能沿着测微螺杆上的外圆锥胀大,使微分筒与测微螺杆和测力装置结合在一起。当旋转测力装置时,就带动测微螺杆和微分筒一起旋转,并沿着紧密螺纹的轴线方向移动,使两个测量面之间的距离发生变化。

千分尺测微螺杆的移动量一般为 25 mm,有少数大型千分尺制成 50 mm 的。

外径千分尺使用方便,读数准确,其测量精度比游标卡尺高,在生产中使用广泛。但千分尺的螺纹传动间隙和传动副的磨损会影响测量精度,因此主要用于测量中等精度的零件。常用的外径千分尺的测量范围有 1～25 mm,25～50 mm,50～75 mm 等,最大的可达 2 500～3 000 mm。

2.外径千分尺的读数原理和读数方法

在千分尺的固定套管上刻有轴向中线,作为微分筒读数的基准线。在中线的两侧,刻有两排刻线,每排刻线间距为 1 mm,上下两排相互错开 0.5 mm。测微螺杆的螺距为 0.5 mm,微分筒的外圆周上刻有 50 等分的刻度。当微分筒转一周时,螺杆轴向转动 0.5 mm。如微分筒只转动一格时,则螺杆的轴向移动为 0.5/50 = 0.01 mm,因而 0.01 mm 就是千分尺的分度值。

读数时,从微分筒的边缘向左看固定套管上距微分筒边缘最近的刻线,从固定套管中线上侧的刻度读出整数,从中线下侧的刻度读出 0.05 mm 的小数,再从微分筒上找到与固定套管中线对齐的刻线,将此刻线数乘以 0.01 mm 就是小于 0.5 mm 的小数部分的读数,最后把以上几部分相加即为测量值。

例 6.3 读出图 6.26 中外径千分尺所示的读数。

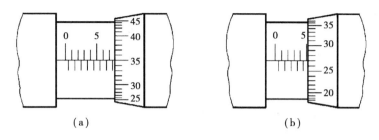

图 6.26 千分尺读数示例

解 从图 6.26(a)图中可以看出,距微分筒最近刻线为中线下侧的刻线,表示 0.5 mm 的小数,中线上侧距微分筒最近的为 7 mm 的刻线,表示整数,微分筒上的 35 的刻线对准中线,所以

$$外径千分尺的读数 = 7 + 0.5 + 0.01 \times 35 = 7.85 \text{ mm}$$

从图 6.26(b)中可以看出,距微分筒最近的刻线为 5 mm 的刻线,而微分筒上数值为 27 的刻线对准中线,所以

$$外径千分尺的读数 = 5 + 0.01 \times 27 = 5.27 \text{ mm}$$

3. 外径千分尺的使用方法

(1)校对零位

使用千分尺之前必须校对零位,零位的误差如果不能校对消除,将会引入到测量值中。对于测量范围在 0~25 mm 的外径千分尺校对零位时应当使两测量面相互接触;对测量范围大于 25 mm 的外径千分尺应当在两测量面之间安放测量下限校对量杆后,进行校零。如果零位不能正确调整,则需要进行相应的控制,有下面这些措施:

①使用测力装置转动测微螺杆,使两测量面接触。

②锁紧测微螺杆。

③用外径千分尺的专用扳手,插入固定套筒的小孔内,扳转固定套筒,使固定套筒纵刻线与微分套筒上零刻线对准。

④若偏离零刻线较大时,需要使用螺钉旋转工具将固定套筒上的紧固螺钉按③步骤进行微调对准。

⑤调整零位时,是使微分筒的棱边与固定套筒上的“0”刻线重合,同时使微分筒上的“0”刻线对准固定套筒上的纵刻线。

(2)注意事项

①使用时,手应握在隔热装置上。如果直接握住尺架的话,手的温度将会被感知,而产生热胀冷缩现象,从而产生测量误差。

②测量时要使用测力装置,不要直接转动微分筒使测量面与工件接触。应先用手转动千分尺的微分筒,待测微螺杆的测量面接近工件被测表面时,再转动测力装置上的棘轮,使测微螺杆的测量面接触工件表面,听到有“咔咔”声发出后即可停止转动,此时可以直接读取数值。

③测量时,外径千分尺测量轴线应当与工件被测长度方向一致,不要倾斜着测量,以免产

生视觉测量误差。

④外径千分尺测量面与被测工件接触时,要考虑工件表面几何形状,减少因测量表面特殊形状而引起的测量误差。

⑤加工过程中测量工件,应当在静止状态下进行,不能在工件转动或处于加工的过程中进行,以免刮伤、磨损外径千分尺。

二、内径千分尺

内径千分尺用于内尺寸的精密测量,根据结构可以分为单体式和接杆式。如图 6.27 所示为手枪式内径千分尺,图 6.28 所示为普通内径千分尺。

图 6.27　手枪式内径千分尺　　　　　　图 6.28　普通内径千分尺

1.测量方法

①内径千分尺在测量及其使用时,必须用尺寸最大的接杆与其测微头连接,依次顺接到测量触头,以减少连接后的轴线弯曲。

②测量时应看测微头固定和松开时的变化量。

③在日常生产中,用内径千分尺测量孔时,将其测量触头测量面支撑在被测表面上,调整微分筒,使微分筒一侧的测量面在孔的径向截面内摆动,找出最大尺寸。然后拧紧固定螺钉取出并读数,也有不拧紧螺钉直接读数的。这样就存在着姿态测量问题。姿态测量:即测量时与使用时的一致性。例如:测量 75 ~ 600/0.01 mm 的内径尺时,接长杆与测微头连接后尺寸大于 125 mm 时,其拧紧与不拧紧固定螺钉时读数值相差 0.008 mm,即为姿态测量误差。

④内径千分尺测量时支承位置要正确。接长后的大尺寸内径尺重力变形,涉及到直线度、平行度、垂直度等形位误差。其刚度的大小,具体可反映在"自然挠度"上。理论和实验结果表明由工件截面形状所决定的刚度对支承后的重力变形影响很大。如不同截面形状的内径尺其长度 L 虽相同,当支承在 2/9L 处时,都能使内径尺的实测值误差符合要求,但支承点稍有不同,其直线度变化值就较大。所以,在国家标准中,将支承位置移到最大支承距离位置时的直线度变化值称为"自然挠度"。为保证刚性,我国国家标准中,规定了内径尺的支承点要在 2/9L 处和距离端面 200 mm 位置,使测量时变化量最小。并将内径尺每转 90°检测一次,其示值误差均不应超过要求。

2. 误差分析

内径尺直接测量误差包括受力变形误差、温度误差和一般测量所具有的示值误差,读数瞄准误差、接触误差和测长机的对零误差。影响内径尺测量误差,主要因素为受力变形误差、温度误差。

内径千分尺结构示意如图 6.29 所示,是测量小尺寸内径和内侧面槽的宽度。其特点是容易找正内孔直径,测量方便。国产内径千分尺的读数值为 0.01 mm,测量范围有 5 ~ 30 mm 和 25 ~ 50 mm 两种,图 6.29 所示的是 5 ~ 30 mm 的内径千分尺。内径千分尺的读数方法与外径千分尺相同,只是套筒上的刻线尺寸与外径千分尺相反,另外它的测量方向和读数方向也都与外径千分尺相反。内径千分尺的使用方法和注意事项和外径千分尺相同。

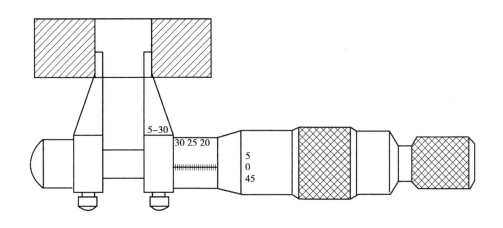

图 6.29 内径千分尺结构示意图

三、深度千分尺

1. 深度千分尺外形结构

深度千分尺如图 6.30 和图 6.31 所示,用以测量孔深、槽深和台阶高度等。它的结构除用基座代替尺架和测砧外,与外径千分尺没有太大的区别。

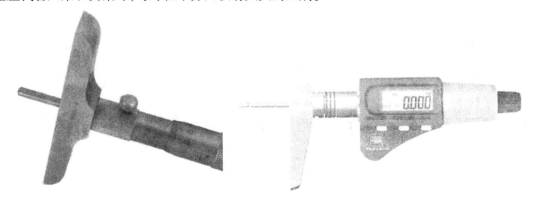

图 6.30 普通深度千分尺   图 6.31 数字显示深度千分尺

深度千分尺的读数范围(mm):0 ~ 25,25 ~ 100,100 ~ 150,读数值(mm)为 0.01,如图 6.32

所示为深度千分尺结构图,它的测量杆6制成可更换的形式,更换后,用锁紧装置4锁紧。深度千分尺校对零位可在精密平面上进行。即当基座端面与测量杆端面位于同一平面时,微分筒的零线正好对准。当更换测量杆时,一般零位不会改变。

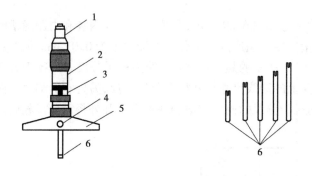

图 6.32　深度千分尺结构
1—测力装置;2—微分筒;3—固定套筒;
4—锁紧装置;5—底板;6—测量杆

深度千分尺测量孔深时,应把基座5的测量面紧贴在被测孔的端面上。零件的这一端面应与孔的中心线垂直,且应当光洁平整,使深度百分尺的测量杆与被测孔的中心线平行,保证测量精度。此时,测量杆端面到基座端面的距离,就是孔的深度。

2.使用时应注意的问题

1)测量前,应将底板的测量面和工件被测面擦干净,并去除毛刺。被测表面应该具有较小的表面粗糙度。

2)应经常检查零位是否精确。零位的校对可采用两块尺寸相同的量块组合进行。

3)在每次更换测量杆前,必须用调整测量工具或者量块矫正其视值。

4)用完之后,应当存放在专用盒内。

课题6　机械测量仪表

知识目标

1)了解机械测量仪表的定义和分类;

2)掌握百分表结构和使用;

3)了解扭簧比较仪。

技能目标

1)能正确使用百分表;

2)能对百分表读数准确。

实例引入

车间常用的指示式测量工具有:百分表、千分表、杠杆百分表和内径百分表等,主要用于校正零件的安装位置、检验零件的形状精度和相互位置精度,以及测量零件的内径等。

游标卡尺与千分尺因为示值范围大、机械加工精度低等缺点使得其测量准确度不容易提高。

课题完成过程

一、机械测量仪表

1. 机械测量仪表的定义

机械式测量仪表是借助杠杆、齿轮、齿条或扭簧的传动,将测量杆的微小直线位移经过传动与放大的机构作用,转变为表盘上指针角位移,从而指示出相应的数值。故机械式测量仪表又称为指示式测量仪表。

机械式测量仪表主要用于相对测量,既可以单独使用,也可以将其安装在其他仪器中做测微表头使用。机械式测量仪表具有体积小、重量轻、结构简单、造价低等优点,并且不需要附加光源、电源、气源等,也比较坚固耐用,因此使用非常广泛。

2. 机械式测量仪表的分类

根据传动方式的不同可以分为如下 4 类。

1)杠杆式传动测量仪表:如刀口式测微仪等;

2)齿轮式传动测量仪表:如百分表等;

3)扭簧式传动测量仪表:如扭簧比较仪等;

4)杠杆式齿轮传动测量仪表:如杠杆式千分尺、杠杆式百分表和内径百分表、杠杆齿轮式比较仪、杠杆式卡规等。

这里将简单介绍在生产、检测中常用的百分表、杠杆式百分表、内径百分表和扭簧比较仪。

二、百分表

1. 百分表结构

百分表和千分表,都是用来校正零件或夹具的安装位置、检验零件的形状精度或相互位置精度的。它们的结构原理没有什么大的不同,就是千分表的读数精度比较高,即千分表的读数值为 0.001 mm,而百分表的读数值为 0.01 mm。车间里经常使用的是百分表,因此,本节主要介绍百分表,其结构如下图 6.33 所示。

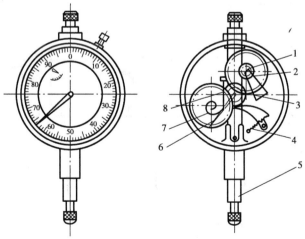

图 6.33　百分表的结构
1—小齿轮;2,7—大齿轮;3—中间齿轮;
4—弹簧;5—测量杆;6—指针;8—游丝

2.百分表的使用

1)使用前,应当先检查百分表是否存在机械问题,如套筒等零件是否有碰伤、生锈;表盘指针是否松动、是否归零、转动是否平稳。

2)测量时,应该使测量杆与零件被测表面垂直。

3)使用百分表时,必须将百分表固定在可靠的夹持架上(如固定在万能表架或磁性表座上),夹持架要安放平稳,避免使测量结果不准确或摔坏百分表。用夹持百分表的套筒来固定百分表时,夹紧力不要过大,以免因套筒变形而使测量杆转动不灵活。

4)使用百分表及相应附件时,还可以用来测量工件的直线度、平面度,以及平行度等形状位置误差,在加工机床上可以用来测量工件的各种跳动误差。

3.使用百分表要注意的事项

1)测量时,不要使测量杆的行程超过它的测量范围,不要使测量头突然撞在零件上,不要使百分表受到剧烈的振动和撞击,也不要把零件强迫推入测量头下,免得损坏百分表和千分表的机件而失去精度。因此,用百分表测量表面粗糙或有显著凹凸不平的零件是错误的。

2)用百分表校正或测量零件时,应当使测量杆有一定的初始测力。即在测量头与零件表面接触时,测量杆应有 0.3 ~ 1 mm 的压缩量(千分表可小一点,有 0.1 mm 即可),使指针转过半圈左右,然后转动表圈,使表盘的零位刻线对准指针。轻轻地拉动手提测量杆的圆头,拉起和放松几次,检查指针所指的零位有无改变。当指针的零位稳定后,再开始测量或校正零件的工作。如果是校正零件,此时,开始改变零件的相对位置,读出指针的偏摆值,就是零件安装的偏差数值。

3)检查工件平整度或平行度时,如图 6.34 所示。将工件放在平台上,使测量头与工件表面接触,调整指针使之摆动 1/3 ~ 1/2 转,然后,把刻度盘零位对准指针,慢慢地移动表座或工件,当指针顺时针摆动时,说明工件偏高了;如果反时针摆动时,则说明工件偏低了。

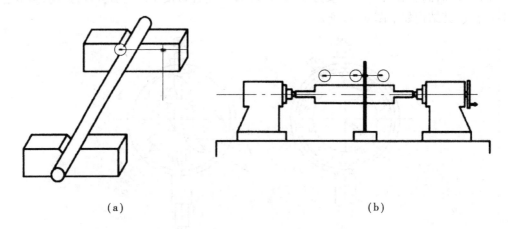

（a） （b）

图6.34 检验工件平整度或平行度

（a）工件放在 V 形铁上 （b）工件放在专用检验架上

4)在使用百分表和千分表的过程中,要严格防止水、油和灰尘渗入表内,测量杆上也不要加油,免得黏有灰尘的油污进入表内,影响表的灵活性。

5)百分表和千分表不使用时,应使测量杆处于自由状态,免使表内的弹簧失效。如内径百分表上的百分表,不使用时,应拆下来保存。

三、杠杆百分表

杠杆百分表又称为杠杆表或靠表,是利用杠杆-齿轮传动机构或者杠杆-螺旋传动机构,将尺寸变化转变为指针角位移变化,并通过指针指示出长度尺寸数值的计量器具。用于测量工件几何形状误差和相互位置正确性,并可用比较法测量长度。如图6.35所示为普通杠杆百分表和数字显示杠杆百分表。

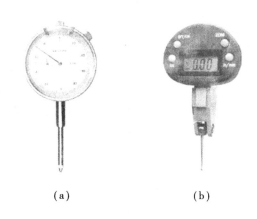

（a）　　　　　　（b）

图6.35　普通杠杆百分表和数字显示杠杆百分表
（a）普通标杆百分表　（b）数字显示杠杆百分表

杠杆百分表目前有正面式、侧面式及端面式等。杠杆百分表的分度值为0.01 mm,测量范围不大于1 mm。

杠杆百分表可用于测量形位误差,也可利用比较测量的方法测量实际尺寸,还可以测量小孔、凹槽、孔距、坐标尺寸等。在使用时应注意使测量运动方向与测量头中心线垂直,以免产生测量误差。对此表的易磨损件,如齿轮、测量头、指针、刻度盘、透明盘等均可按用户修理需要供应。杠杆百分表因其体积小、精度高等优点,比较适合一般百分表难以测量的场所。

四、内径百分表

内径百分表的作用。内径百分表是内径杠杆式测量架和百分表的组合,可以用来测量或检验零件的内孔、深孔直径及其形状精度。如图6.36所示为内径百分表内部结构。在三通管3的一端装着活动测量头1,另一端装着可换测量头2,垂直管口一端,通过连杆4装有百分表5。活动测量头1的移动,使传动杠杆7回转,通过活动杆6,推动百分表的测量杆,使百分表指针产生回转。由于杠杆7的两侧触点是等距离的,当活动测量头移动1 mm时,活动杆也移动1 mm,推动百分表指针回转一圈。所以,活动测量头的移动量,可以在百分表上读出来。两触点测量工具在测量内径时,不容易找正孔的直径方向,定心护桥8和弹簧9就起了一个帮助找正直径位置的作用,使内径百分表的两个测量头正好在内孔直径的两端。活动测量头的测量压力由活动杆6上的弹簧控制,保证测量压力一致。

内径百分表活动测量头的移动量,小尺寸的只有0~1 mm,大尺寸的可有0~3 mm,它的测量范围是由更换或调整可换测量头的长度来达到的。因此,每个内径百分表都附有成套的可换测量头。国产内径百分表的读数值为 0.01 mm,测量范围有 10～18 mm;18～35 mm;35～50 mm;50～100 mm;100～160 mm;160～250 mm;250～450 mm。

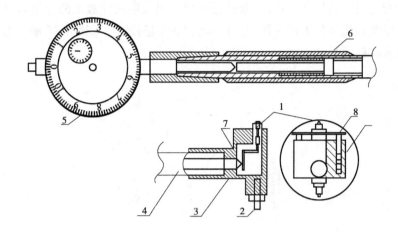

图 6.36　内径百分表内部结构

　　用内径百分表测量内径是一种比较量法,测量前应根据被测孔径的大小,在专用的环规或百分尺上调整好尺寸后才能使用。调整内径百分尺的尺寸时,选用可换测量头的长度及其伸出的距离(大尺寸内径百分表的可换测量头,是用螺纹旋上去的,故可调整伸出的距离,小尺寸的不能调整),应使被测尺寸在活动测量头总移动量的中间位置。

　　内径百分表的示值误差比较大,如测量范围为 35～50 mm 的,示值误差为 ±0.015 mm。为此,使用时应当经常的在专用环规或百分尺上校对尺寸(习惯上称校对零位),必要时可在块规组上校对零位,并增加测量次数,以便提高测量精度。

　　内径百分表的指针摆动读数,刻度盘上每一格为 0.01 mm,盘上刻有 100 格,即指针每转一圈为 1 mm。

五、扭簧比较仪

　　扭簧比较仪是利用扭簧丝伸长与回转角度是线性关系的传动放大,将测杆的直线位移转换为指针转动或指标线角位移的计量器具,通过读表盘内指针所标示的数据,得到直线位移。其主要用途是以比较法测量精密工件的尺寸和形位误差,还可用作某些测量装置的指示计。扭簧比较仪的主要零部件有:指针、分度盘、表壳、微动螺钉、套筒、测帽、公差带指示器调节旋钮、照明系统。图 6.37 所示是它的外形结构。扭簧比较仪可以结合稳定的支架进行测量。

　　扭簧式比较仪已实施出口产品质量许可制度,未取得出口质量许可证的产品不准出口。

　　扭簧比较仪结构简单,内部没有相互摩擦的零件,故灵敏度极高,可以用作精密测量仪器。

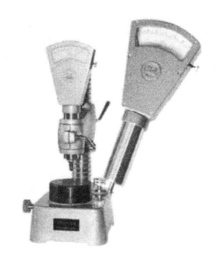

图 6.37　两种形状的扭簧比较仪外形结构

课题 7　角度类测量工具

知识目标

1）了解万能角度尺的结构及用途；

2）掌握万能角度尺的使用方法。

技能目标

1）能正确使用万能角度尺；

2）会对万能角度尺正确读数。

实例引入

前面所讲述的测量工具，主要用于长度的测量，下面将进入角度测量。

课题完成过程

一、万能角度尺

1. 结构及用途

如图 6.38 所示，万能角度尺又被称为角度规、游标角度尺和万能量角器，它是利用游标读数原理来直接测量工件角度或进行划线的一种角度测量工具。适用于机械加工中的内、外角度测量，可进行 0°～320°外角及 40°～130°内角的角度测量。万能角度尺由不锈钢制作，经过良好的热处理和表面处理，具有精度高、寿命长、耐锈蚀、使用方便和用途广等特点。

万能角度尺的读数方法和游标卡尺相同，先读出游标零线前的角度是几度，再从游标上读出角度"分"的数值，两者相加就是被测零件的角度数值。

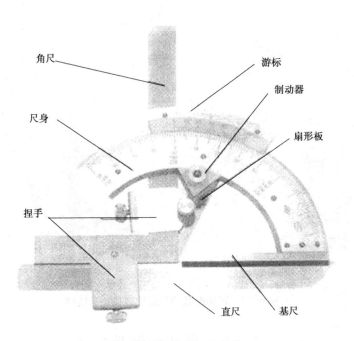

图 6.38　万能角度尺的结构

2. 使用方法

测量时,根据产品被测部位的情况,先调整好角尺或直尺的位置,用卡块上的螺钉把它们紧固住,再调整基尺测量面与其他有关测量面之间的夹角;这时,要先松开制动头上的螺母,移动主尺作粗调整,再转动扇形板背面的微动装置作细调整,直到两个测量面与被测表面密切贴合为止;然后,拧紧制动器上的螺母,把角度尺取下来进行读数。

(1)测量 0°~50°的角度

如图 6.39 所示。角尺和直尺全都装上,产品的被测部位放在基尺各直尺的测量面之间进行测量。

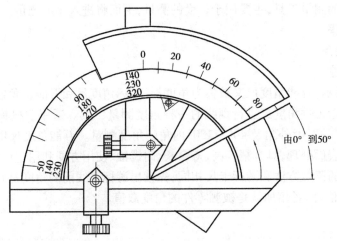

图 6.39　测量 0°~50°时万能角度尺位置示意图

（2）测量 50°～140°的角度

如图 6.40 所示。可把角尺卸掉，把直尺装上去，使它与扇形板连在一起。工件的被测部位放在基尺和直尺的测量面之间进行测量。

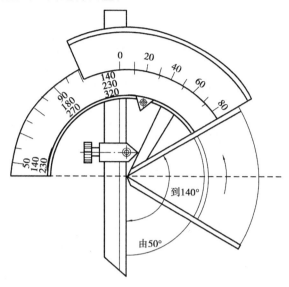

图 6.40　测量 50°～140°时万能角度尺位置示意图

也可以不拆下角尺，只把直尺和卡块卸掉，再把角尺拉到下边来，直到角尺短边与长边的交线和基尺的尖棱对齐为止。把工件的被测部位放在基尺和角尺短边的测量面之间进行测量。

（3）测量 140°～230°的角度

如图 6.41 所示。把直尺和卡块卸掉，只装角尺，但要把角尺推上去，直到角尺短边与长边的交线和基尺的尖棱对齐为止。把工件的被测部位放在基尺和角尺短边的测量面之间进行测量。

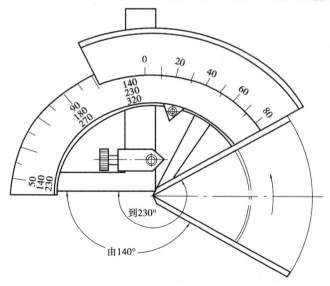

图 6.41　测量 140°～230°时万能角度尺位置示意图

（4）测量230°～320°的角度

如图6.42所示。把角尺、直尺和卡块全部卸掉，只留下扇形板和主尺（带基尺）。把产品的被测部位放在基尺和扇形板测量面之间进行测量。

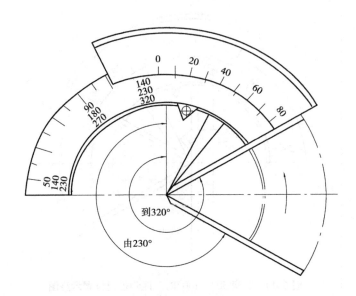

图6.42　测量230°～320°时万能角度尺位置示意图

3.万能角度尺读数方法

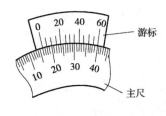

**图6.43　万能角度尺
的主尺与游标**

如图6.43所示，万能角度尺的读数装置，是由主尺和游标组成的，也是利用游标原理进行读数的。万能角度尺主尺上均匀地刻有120条刻线，每两条刻线之间的夹角是1°，这是主尺的刻度值。游标上也有一些均匀刻线，共有12个格，与主尺上的23个格正好相符。因此，游标上每一格刻线之间的夹角是：
$23°/12 = (60' \times 23)/12 = 115'$。

主尺两格刻线夹角与游标一格刻线夹角的差值为：$2° - 15' = 120' - 115' = 5'$，这就是游标的读数值（分度值）。

万能角度尺的读数方法可分4步：

①先读"度"的数值，看游标零线左边，主尺上最靠近一条刻线的数值，读出被测角"度"的整数部分，图示被测角"度"的整数部分为16。

②再从游标尺上读出"分"的数值，看游标上哪条刻线与主尺相应刻线对齐，可以从游标上直接读出被测角"度"的小数部分，即"分"的数值，图示游标的30刻线与主尺刻线对齐，故小数部分为30。

③被测角度等于上述两次读数之和，即$16° + 30' = 16°30'$。

④主尺上基本角度的刻线只有90个分度，如果被测角度大于90°，在读数时，应加上一基数（90,180,270），即当被测角度为90°～180°时，被测角度 = 90° + 角度尺读数；被测角度为180°～270°时，被测角度 = 180° + 角度尺读数；被测角度为270°～320°时，被测角度 = 270° +

角度尺读数。

二、正弦规

正弦规是用于准确检验零件及量规角度和锥度的测量工具。它是利用三角函数的正弦关系来度量的,故称正弦规或正弦尺、正弦台。由图6.44所示可知,正弦规主要由带有精密工作平面主体和两个精密圆柱组成,四周可以装有挡板(使用时只装互相垂直的两块),测量时作为放置零件的定位板。国产正弦规有宽型的和窄型的两种,其规格见表6.3所示。

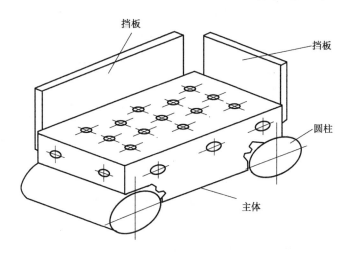

图6.44 正弦规的结构图

表6.3 正弦规的规格

两圆柱中心距/mm	圆柱直径/mm	工作台宽度/mm		精度等级
		窄型	宽型	
100	20	25	80	0.1级
200	30	40	80	

正弦规的两个精密圆柱的中心距的精度很高,窄型正弦规的中心距200 mm的误差不大于0.003 mm;宽型正弦规的误差不大于0.005 mm。同时,主体上工作平面的平直度,以及它与两个圆柱之间的相互位置精度都很高,因此可以用于精密测量,也可作为机床上加工带角度零件的精密定位用。利用正弦规测量角度和锥度时,测量精度可达±3″～±1″,但适宜测量小于40°的角度。

图6.45所示是应用正弦规测量圆锥塞规锥角的示意图。应用正弦规测量零件角度时,先把正弦规放在精密平台上,被测零件(如圆锥塞规)放在正弦规的工作平面上,被测零件的定位面靠在正弦规的挡板上,如圆锥塞规的前端面靠在正弦规的前挡板上。在正弦规的一个圆柱下面垫入量块,用百分表检查零件全长的高度,调整量块尺寸,使百分表在零件全长上的读数相同。此时,就可应用直角三角形的正弦公式,算出零件的角度。

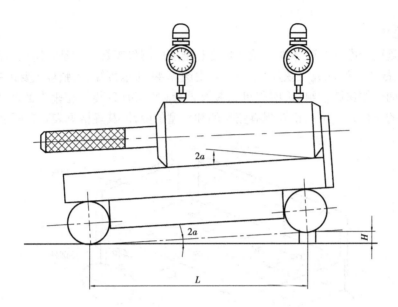

图 6.45　正弦规测量圆锥塞锥角的示意图

正弦公式

$$\sin 2a = \frac{H}{L}$$

$$H = L \times \sin 2a$$

式中　2α——圆锥的锥角(°)；

　　　H——量块的高度(mm)；

　　　L——正弦规两圆柱的中心距(mm)。

例如,测量圆锥塞规的锥角时,使用的是窄型正弦规,中心距 $L = 200$ mm。在一个圆柱下垫入的量块高度 $H = 10.06$ mm 时,百分表在圆锥塞规的全长上读数刚好相等。此时,圆锥塞规的锥角为:

$$\sin 2a = \frac{H}{L} = \frac{10.06}{200} = 0.050\ 3$$

查正弦函数表得 $2\alpha = 2°53'$,即圆锥塞规的实际锥角为 $2°53'$。

图 6.46 所示是锥齿轮的锥角检验。由于节锥是一个假想的圆锥,直接测量节锥角有困难,通常以测量根锥角 δ_f 值来代替。简单的测量方法是用全角样板测量根锥顶角,或用半角样板测量根锥角。此外,也可用正弦规测量,将锥齿轮套在心轴上,心轴置于正弦规上,将正弦规垫起一个根锥角 δ_f,然后用百分表测量齿轮大小端的齿根部即可。根据根锥角 δ_f 值计算应垫起的量块高度

$$H = L \sin \delta_f$$

式中　H——量块高度；

　　　L——正弦规两圆柱的中心距；

　　　δ_f——锥齿轮的根锥角。

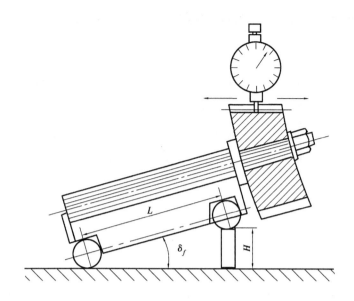

图6.46　用正弦规检验根锥角

课题8　光滑极限量规

知识目标

1)了解光滑极限量规的分类;

2)掌握通规和止规的使用方法。

技能目标

能正确使用极限量规。

实例引入

光滑极限量规是指被检验工件为光滑孔或光滑轴所用的极限量规的总称。

它是一种没有刻度的定值检验量具。用光滑极限量规检验零件时,只能判断零件是否在规定的验收极限范围内,而不能测出零件实际尺寸和形位误差的数值。量规结构设计简单,使用方便、可靠,检验零件的效率高。

课题完成过程

一、量规分类

光滑极限量规是一种没有刻线的专用测量工具,它不能确定工件的实际尺寸,只能判断工件合格与否。光滑极限量规结构简单、制造容易、使用方便,并且可以保证工件在生产中的互换性,因此,广泛应用于大批量生产中。光滑极限量规执行的国家标准是 GB/T 1957—2006。

光滑极限量规是检验孔和轴的量规,检验孔的量规称为塞规,检验轴的量规称为卡规,无论塞规和卡规都有通规和止规,且它们成对使用。孔用极限量规通规是根据孔的最小极限尺寸确定的,作用是防止孔的作用尺寸小于孔的最小极限尺寸;止规是按孔的最大极限尺寸设计的,作用是防止孔的实际尺寸大于孔的最大极限尺寸,如图6.47所示。

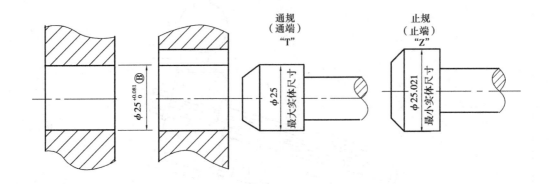

图 6.47　塞规检验孔

轴用量规通规是按轴的最大极限尺寸设计的,其作用是防止轴的作用尺寸大于轴的最大极限尺寸;止规是按轴的最小极限尺寸设计的,其作用是防止轴的实际尺寸小于轴的最小极限尺寸,如图6.48所示。

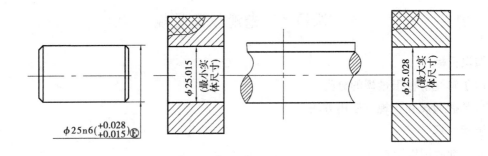

图 6.48　塞规检验轴

量规按用途可分为以下3类:

①工作量规。工作量规是工人在生产过程中检验工件用的量规,它的通规和止规分别用代号"T"和"Z"表示。

②验收量规。验收量规是检验部门或用户代表验收产品时使用的量规。

③校对量规。校对量规是用以检验工作量规的量规,主要检验工作量规是否达到或超过磨损极限。

二、工作量规公差带

光滑极限量规是一种专用量具,它的制造精度比被检验工件要求更高。

但它在制造过程中,也不可避免地会产生制造误差,故对量规工作尺寸也要规定其制造公差。

公差带的制造公差"T"和通规公差带位置要素"Z"是综合考虑了量规的制造工艺水平和

一定的使用寿命按工件的基本尺寸、公差等级给出的具体数值。

工作量规制造公差公差 T 与位置要素 Z 值(摘自 GB 1957—1981)　　(μm)

工件基本尺寸/mm	IT6			IT7			IT8			IT9			IT10		
	IT6	T	Z	IT7	T	Z	IT8	T	Z	IT9	T	Z	IT10	T	Z
3	6	1	1	10	1.2	1.3	14	1.6	2	25	2	3	40	2.4	4
3 ~ 6	8	1.2	1.4	12	1.4	2	18	2	2.6	30	2.4	4	48	3	5
6 ~ 10	9	1.4	1.6	15	1.8	2.4	22	2.4	3.2	36	2.8	5	58	3.6	6
10 ~ 18	11	1.6	2	18	2	2.8	27	2.8	4	43	3.4	6	70	4	8
18 ~ 30	13	2	2.4	21	2.4	3.4	33	3.4	5	52	4	7	84	5	9
30 ~ 50	16	2.4	2.8	25	3	4	39	4	6	62	5	8	100	6	11
50 ~ 80	19	2.8	3.4	30	3.6	4.6	46	4.6	7	74	6	9	120	7	13
80 ~ 120	22	3.2	3.8	35	4.2	5.4	54	5.4	8	87	7	10	140	8	15

三、量规的形式与结构

检验光滑工件的光滑极限量规型号很多,具体选择时可参照国家标准推荐的选用,如图 6.49 和图 6.50。

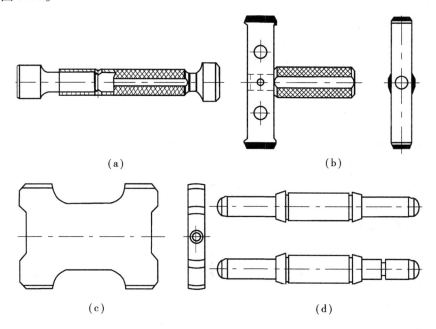

（a）　　　　　　　　　　　　　　　（b）

（c）　　　　　　　　　　　　　　　（d）

图 6.49　几种常用孔用量规结构形式

（a）锥柄双头圆柱塞规(1 ~ 50 mm)　　(b)单头非全形塞规(80 ~ 180 mm)

（c）片形双头塞规(18 ~ 315 mm)　　(d)球端杆双塞规(315 ~ 500 mm)

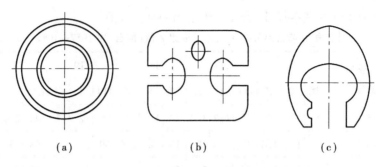

| (a) | (b) | (c) |

图 6.50　几种常用轴用量规结构形式

(a)环规(1~100 mm)　(b)双头卡规(3~10 mm)　(c)单头双极限卡规(1~80mm)

巩固与练习

一、填空题

1)量块的工作尺寸是指_____。

2)角度量块有_____和_____两种。

3)常用钢直尺的规格有 150 mm、_____mm、_____mm、1 000 mm 等。

4)常用游标卡尺有游标卡尺、_____、_____、游标测齿卡尺、万能角度尺等。

5)根据测量头运动方向与表盘位置的相对关系,杠杆百分表可分为_____式、_____式、_____式 3 种。

6)量块是_____计量基准,制造极精确,精度分为_____级。

7)游标测量工具读数部分由_____和_____组成。

8)止规由于_____,磨损极少,所以只规定了不经常通过零件_____公差。

9)万能角度尺的读数方法是先读出_____的角度是几度,再从_____读出角度"分"的数值,_____就是被测零件的角度数值。

二、选择题

1)塞规的通端用来控制被测孔作用尺寸不得大于　　　　　　　　　　　　　　(　　)

　　A.实际尺寸;　　　　　　　　　B.最小极限尺寸;

　　C.最大极限尺寸;　　　　　　　D.最大实体实效尺寸。

2)通规、止规的制造尺寸应为工件的　　　　　　　　　　　　　　　　　　(　　)

　　A.最大极限尺寸;　　　　　　　B.最小极限尺寸;

　　C.最大实体尺寸;　　　　　　　D.最小实体尺寸。

3)国家标准规定量规的形位公差值,一般为尺寸公差的　　　　　　　　　　(　　)

　　A.50%;

　　B.50%,并应限制在量规的尺寸公差带之内;

　　C.50%以上;　　　　　　　　　D.50%以下。

4)下列缺口锥度和角度的检测器具中,属于相对测量法的是　　　　　　　　(　　)

　　A.光学分度头;　　　　　　　　B.万能角度卡尺;

　　C.角度量块;　　　　　　　　　D.钢直尺。

5)千分尺的分度值是　　　　　　　　　　　　　　　　　　　　　　　　(　　)

　　A.0.5mm;　　　　　　　　　　B.0.01mm;

C.0.001mm; D.0.05mm。

6)量规通规规定位置要素是为了 （ ）

  A.防止量规在制造时的误差超差；

  B.防止量规在使用时表面磨损而报废；

  C.防止使用不当造成浪费；

  D.防止通规与止规混淆。

三、判断题

1)实际尺寸是指零件加工后的真实尺寸。 （ ）

2)百分表的分度值是0.001mm。 （ ）

3)钢直尺一般可用于精度较高的测量。 （ ）

4)塞尺是一种界限量规。 （ ）

5)必要时允许用电刻法或化学法在游标卡尺背面刻蚀记号。 （ ）

6)千分尺的刻线原理也可视作游标原理。 （ ）

7)通规公差由制造公差与磨损公差两部分组成。 （ ）

8)光滑极限量规是一种没有刻线的专用测量工具,但不能确定工件的实际尺寸。（ ）

参考文献

［1］胡荆生.公差配合与技术测量基础［M］.2 版.北京:国劳动社会保障出版社,2000.

［2］韩志宏.公差配合与测量［M］.北京:电子工业出版社,2009.

［3］方昆凡.公差与配合实用手册［M］.北京:机械工业出版社,2007.